中等职业教育"十三五"规划教材

电 工 学

任艳丽　宋艳伟　主编

煤 炭 工 业 出 版 社

·北　京·

图书在版编目（CIP）数据

电工学／任艳丽，宋艳伟主编 . --北京：煤炭工业
出版社，2018

中等职业教育"十三五"规划教材

ISBN 978-7-5020-6667-3

Ⅰ.①电… Ⅱ.①任… ②宋… Ⅲ.①电工—高等职
业教育—教材 Ⅳ.①TM

中国版本图书馆 CIP 数据核字（2018）第 106015 号

电工学（中等职业教育"十三五"规划教材）

主　　编	任艳丽　宋艳伟
责任编辑	罗秀全
责任校对	赵　盼
封面设计	于春颖

出版发行　煤炭工业出版社（北京市朝阳区芍药居 35 号　100029）
电　　话　010-84657898（总编室）　010-84657880（读者服务部）
网　　址　www.cciph.com.cn
印　　刷　北京玥实印刷有限公司
经　　销　全国新华书店

开　　本　787mm×1092mm 1/16　印张　11 1/2　字数　265 千字
版　　次　2018 年 8 月第 1 版　2018 年 8 月第 1 次印刷
社内编号　20180211　　　　定价　35.00 元

中等职业教育"十三五"规划教材
编 审 委 员 会

前　　言

为学习贯彻党的十九大精神，落实《国务院关于加快发展现代职业教育的决定》（国发〔2014〕19号）、《教育部关于深化职业教育教学改革全面提高人才培养质量的若干意见》（教职成〔2015〕6号）等文件要求，进一步深化中等职业教育教学改革发展，全面提高技术技能人才培养质量，为社会和企业培养和造就一批"大国工匠"，中国煤炭教育协会决定组织编写出版突出技能型人才培养特色的中等职业教育"十三五"规划教材。为将教材打造为精品、经典教材，中国煤炭教育协会高度重视教材建设和编写工作，提出了坚持"科学严谨、改革创新、特点突出、适应发展"的指导思想，多次组织召开会议研究和部署教材建设及编写工作，并采取有力措施，落实了教材编什么、怎么编、谁来编等具体问题。

2015年以来，教材编审委员会、各有关院校和企业、煤炭工业出版社统一思想，巩固认识，精诚团结合作，主动承担责任，扎实稳步推进工作，严把教材编写质量关，取得教材编写重大成果，教材正陆续出版发行。这套教材主要适用于中等职业学校教学、企业职工培训，也适合具有初中以上文化程度的人员自学。

《电工学》是这套教材中的一种，其主要特点是：

（1）以工作任务为引领，知识由浅入深，大大精简理论知识。

（2）在内容选择上以"实用、够用"为目的，突出核心技能；将理论与实践融为一体，充分体现"教、学、做"合一的教学思想。

（3）配有丰富的习题，便于学生课后巩固所学知识。

（4）配有教学PPT，供教学使用，可扫描书后二维码获取。

本书由任艳丽、宋艳伟任主编，侯银元、刘灏、李姗姗任副主编，刘海岩参与编写。具体的编写分工是：项目一、五、六、七由宋艳伟、李姗姗和刘海岩编写，项目二、三、四、八由任艳丽、侯银元、刘灏编写。本书的编写得到山西省晋煤集团高级技工学校和辽北技师学院领导的大力支持，得到相关教师和技术专家的热情帮助，在此一并表示感谢。

尽管我们做了努力，但本书肯定还存在不足，望读者提出宝贵修改建议和意见，以便作者在修订时改正。

中等职业教育"十三五"规划教材
编审委员会
2018 年 7 月

目　　　次

项目一　认知与使用万用表——认知直流电路

【项目描述】

随着科学技术的快速发展，电工技术已广泛应用于生产、生活的各个方面。尽管目前使用的电气设备种类繁多，但几乎都是由各式各样的电路组成的，因此掌握电路的基本知识十分重要。本章主要介绍电路的组成、作用、状态、电路符号以及电路的基本定律，电流、电压、电位、电动势、电功以及电功率的概念，电阻的连接方式，万用表的使用方法和用万用表测量电阻、电压和电流的方法。

【项目目标】

（1）了解电路的组成，掌握电路中基本物理量的概念及电路的三种工作状态。

（2）掌握电流、电压、电位、电动势、电阻和电导的基本概念和计算。

（3）掌握电阻串、并联电路的特点。

（4）掌握欧姆定律、基尔霍夫定律，能应用基尔霍夫定律分析和计算复杂电路。

（5）掌握电功和电功率的概念及计算。

（6）会使用万用表。

任务一　认知电路的组成、作用及状态

【实验探究】

在日常生活中，把一个灯泡通过开关、导线和干电池连接起来，如图 1-1 所示，当合上开关时会产生什么现象？为什么会有这种现象呢？

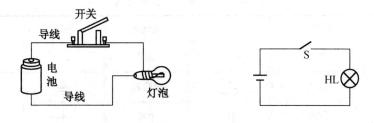

图 1-1　电路的组成

【任务目标】

（1）掌握电路的组成及各部分的意义。

（2）掌握电路的三种状态。

【相关知识】

一、电路组成和电路图

电路是为了实现一定目的而连接起来的若干电气元件的集合，是电流所流过的路径。在电路中可以实现能量的传输和转换、信号的传递和处理。

1. 电路的组成

一个完整的电路一般是由电源、负载、中间环节（导线和控制电器）等基本部分组成。

1）电源

电源是将其他形式的能转换成电能的装置，向负载提供电能。发电机、蓄电池、光电池等都是电源。发电机是将机械能转换成电能，蓄电池是将化学能转换成电能，光电池是将光能转换成电能。

2）负载

负载也称用电器，是各种用电设备的总称，是将电能转换成其他形式能量的装置。灯泡、电炉、电动机等都是负载。灯泡是将电能转换成光能，电炉是将电能转换成热能，电动机是将电能转换成机械能。

3）中间环节

连接电源和负载的部分，它起传输和分配电能的作用。

导线是用来连接电源和负载的元件。电气控制元件是对电路进行控制的电气元件，如闸刀开关、空气开关、熔断器等。

可见电路的作用是产生、传输、分配和使用电能。

2. 电路图

用导线将电源、负载、开关、电流表、电压表等连接起来便组成了电路。在实际中为了便于分析、研究电路，通常将电路的实际元件用图形符号表示，再按照统一的符号将它们表示出来，画出与实际电路相对应的结构示意图，这样绘制出的结构示意图就叫作电路图。常用电路元件符号见表1-1。

表1-1 常用电路元件符号

——	直流电	∼	交流电	≂	交直流电
	开关		电阻		接机壳
	电池		电位器		接地
	线圈		电容		连接导线
	铁芯线圈	Ⓐ	电流表		不连接导线
	抽头线圈	Ⓥ	电压表		熔断器
Ⓖ	直流发电机		二极管	⊗	电灯
Ⓖ	交流发电机	Ⓜ	直流电动机	Ⓜ	交流电动机

二、电路状态

电路有三种状态：通路、开路和短路。下面分别介绍这三种状态的具体情况。

1. 通路状态

通路就是电路中的开关闭合，负载中有电流流过。如图 1-2 所示，把开关 K 打到 1 的位置就是通路状态又叫闭路状态。它是指正常工作状态下的闭合电路。

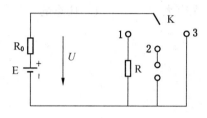

图 1-2 电路三种状态

2. 开路状态

开路就是当开关断开或电路某处断开时，电路中没有电流通过，电路处于断开状态，电源不向负载输送电能。如图 1-2 所示，把开关 K 打到 2 的位置，就是开路状态又叫断路状态。开关处于断开状态时，电路开路是正常的工作状态，但是当开关闭合时，电路仍然开路，则属于故障状态。开路状态的主要特点是：电路中的电流为零。

3. 短路状态

当电源两端或电路中某些部分被导线或其他导电物质直接相连时，电源输出的电流不经过负载，只经过连接导线直接流回电源，这种状态称为短路状态。如图 1-2 所示，把开关 K 打到 3 的位置，就是短路状态。一般情况下，短路是一种非常严重的电路故障，此时电源提供的电流比正常通路时的电流大许多倍，严重时会烧毁电源和电气设备，必须严格防止，避免发生。

这三种状态，在我们生活中随处都可以看到，如将电灯的开关合上，电灯发亮，这就是一种通路状态。当把开关合上时，电灯灭了，这说明有一处开路。而当两根电线（火线、零线）外皮被老鼠弄破损，造成两根线碰在一起，就会造成短路。

【习题】

一、填空题

1. 电路一般是由_____、_____、_____等基本部分组成。

2. 电路有_____、_____和_____三种工作状态。

3. 电路是为了实现一定目的而连接起来的若干电气元件的_____，是电流所流过的_____。

4. 通路就是电路中的_____，负载中有_____。

5. 中间环节是连接_____和_____的部分，它起传输和分配电能的作用。

二、选择题

1. 产生电源的设备是（   ）。

A. 变压器   B. 开关   C. 发电机   D. 仪表

2. （　　）是一种非常严重的电路故障，此时电源提供的电流比正常通路时的电流大许多倍，严重时会烧毁电源和电气设备。

A. 开路　　　　　　B. 断路　　　　　　C. 短路　　　　　　D. 通路

3. （　　）是用来连接电源和负载的元件。

A. 开关　　　　　　B. 导线　　　　　　C. 电灯　　　　　　D. 电动机

4. 开路状态的主要特点是：电路中的电流为（　　）。

A. 100A　　　　　　B. 无穷大　　　　　C. 任意的　　　　　D. 零

三、综合题

1. 电路有什么作用？

2. 画出开关、电阻、电流表、电灯、直流发电机的电路图形符号。

任务二　熟悉电路中的基本物理量

【实验探究】

按照教师给定的方法测试图 1-1 电路图中流过电阻的电流，再用同样的测试方法反向测量，发现了什么现象？你认为电压、电流有方向吗？

【任务目标】

（1）掌握电场、电压、电位、电动势、电流的基本概念和计算。

（2）掌握电阻和电容的基本概念和作用。

【相关知识】

一、电场、电压及电位

1. 电场

电场是电荷及变化磁场周围空间里存在的一种特殊物质。电场这种物质与通常的实物不同，它不是由分子原子所组成，但它是客观存在的，电场具有通常物质所具有的力和能量等客观属性。

电场力的性质表现为：电场对放入其中的电荷有作用力，这种力称为电场力。

电场能的性质表现为：当电荷在电场中移动时，电场力对电荷做功（这说明电场具有能量）。

1）电场的方向

正电荷在电场中某点的受力方向规定为该点的电场的方向。

2）电场强度

电场强度是描述电场力特性的物理量。其定义是：放入电场中某一点的电荷受到的电场力 F 跟它的电量 q 的比值叫做该点的电场强度，表示该处电场的强弱。电场强度用字母 E 表示，$E=F/q$，单位为牛/库仑，符号 N/C。在电场中某一点确定了，则该点电场强度的大小与方向就是一个定值，与放入的检验电荷无关，即使不放入检验电荷，该处电场强度的大小方向仍不变。

电场强度的方向：规定正电荷在电场中某点的受力方向为该点电场强度的方向。

电场强度是矢量，既有大小又有方向。

电场强度和电场力是两个概念，电场强度的大小与方向跟放入的检验电荷无关，而电场力的大小与方向与放入的检验电荷有关。

2. 电压

1）电压定义

电压是衡量电场力做功大小的物理量，在电路中电场力把单位正电荷 q 从 a 点移到 b 点所做的功，定义为 a、b 两点间的电压，用 U_{ab} 表示。

$$U_{ab} = \frac{W_{ab}}{q} \tag{1-1}$$

式中　U_{ab}——电压，V；

　　　W_{ab}——电功，J；

　　　q——电量，C。

电压的单位是伏特，简称伏，符号为 V。电压常用的单位除伏特外，还有千伏（kV）、毫伏（mV）、微伏（μV）等，它们的换算关系为

$$1\ kV = 10^3\ V \qquad 1\ V = 10^3\ mV \qquad 1mV = 10^3\ μV$$

2）电压方向

电压的方向规定为正电荷的运动方向，即电压的方向是由高电位指向低电位。在电路图中，电压的方向有三种表示方法。

（1）采用"+""-"号表示，如图 1-3a 所示，"+"号表示高电位端，"-"号表示低电位端。

（2）采用带箭头的细实线表示，如图 1-3b 所示，箭头的方向表示电压的方向。

（3）采用双下标表示，如图 1-3c 所示，U_{ab} 表示电压的方向由 a 到 b。

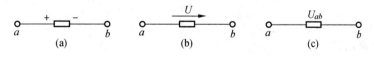

图 1-3　电压方向

3）电压参考方向

在电路分析时，当遇到电压的方向难以确定时，可先任意假定电压的参考方向，按照所选定的参考方向分析电路。在参考方向下计算出的电压为正，说明电压的参考方向与电

压的实际方向相同；在参考方向下计算出的电压为负时，说明电压的参考方向与电压的实际方向相反。

3. 电位

在分析电路时，经常用到电位这个物理量，以便分析各点之间的电压。如果在电路中选定一个参考点，则电路中某点与参考点之间的电压称为该点的电位，用带下标的字母 φ 表示，如 A 点的电位可用 φ_A 来表示，电位的单位和电压相同，也是伏特（V）、千伏（kV）、毫伏（mV）、微伏（μV）等。

计算电位时，必须先任意选定电路中的某一点作为参考点，并规定该点的电位为零（参考点就是零电位点），原则上参考点是可以任意选择的，但为了便于分析、计算，通常选大地为参考点，电路符号为⏚；在电子电路中又常把金属机壳或电路的公共接点等作为参考点，电路符号为⊥。参考点选定以后，高于参考点的电位取正，低于参考点的电位取负。

图 1-4 电路图

电路中任意两点间的电位差就等于该两点之间的电压。应当注意的是，电位虽然也是电压，但电位的值具有相对性，当参考点改变时，各点的电位值随着改变，而两点间的电压值是不变的，即电位的值与参考点的选择有关，但两点间的电压与参考点的选择无关。

【例 1-1】如图 1-4 所示，已知 $U_{co} = 3\ V$，$U_{cd} = 2\ V$，以 d 为参考点，求各点的电位及 d、o 两点间的电压 U_{do}。

解 以 d 点为参考点，即 $\varphi_d = 0\ V$

因为
$$U_{cd} = \varphi_c - \varphi_d$$

所以
$$\varphi_c = U_{cd} + \varphi_d = 2 + 0 = 2\ V$$

又因为
$$U_{co} = \varphi_c - \varphi_o$$

所以
$$\varphi_o = \varphi_c - U_{co} = 2 - 3 = -1\ V$$
$$U_{do} = \varphi_d - \varphi_o = 0 - (-1) = 1\ V$$

二、电流

电荷的定向移动形成电流。

1. 电流强度

为了计量电流的强弱，人们规定电流强度这一物理量。电流强度是在电场的作用下，在单位时间内通过某一导体截面的电量，简称电流，用 I 表示，即

$$I = \frac{q}{t} \tag{1-2}$$

式中 I——电流强度，A；

　　q——电量，C；

　　t——时间，s。

电流的单位是安培，简称安，符号 A。电流常用的单位除安培外，还有千安（kA）、毫安（mA）、微安（μA），它们之间的关系是

$$1\ kA = 10^3 A \qquad 1\ A = 10^3 mA \qquad 1\ mA = 10^3 \mu A$$

2. 电流的方向

习惯上把正电荷定向移动的方向规定为电流的方向。因此，自由电子和负离子定向移动的方向与电流的方向相反。

通常根据电流方向是否随时间改变而将电流分成直流电流和交流电流两大类。

（1）直流电流：方向和大小都不随时间变化的电流，简称直流，记作 DC，如图 1-5a 所示。

（2）交流电流：方向和大小都随时间变化的电流，简称交流，记作 AC，如图 1-5b 所示。

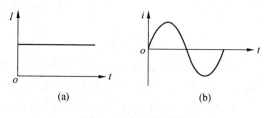

图 1-5　电流波形图

3. 电流参考方向

在进行电路分析计算时，电流的实际方向有时难以确定，为此可以预先假定一个电流方向，称为参考方向（也称正方向），并在电路中用带有箭头的细实线标出，然后列方程求解电流。当解出电流为正值时，表示电流的实际方向与电流的参考方向一致，如图 1-6a 所示；反之，当解出电流为负值时，表示电流的实际方向与电流的参考方向相反，如图 1-6b 所示。因此，只有在参考方向选定之后，电流值才有正负之分。

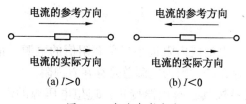

图 1-6　电流参考方向

三、电源与电动势

1. 电源

电源是将其他形式的能转换成电能的装置，电源将机械能、化学能或光能等转换为电能，如发电机、干电池和光电池等。在各种电源中，有一个共同点，即在电源的内部移动电荷。

电源根据其外特性可分为电压源和电流源。

1）电压源

电压源是由一个恒定的电动势 E 和一个内阻 r 串联而成。电压源的符号如图 1-7 所示。当电压源向负载 R 输出电压时，如图 1-8 所示，电源的端电压 U 总是小于它的恒定

电动势 E。端电压 U 与输出电流 I 之间有如下关系

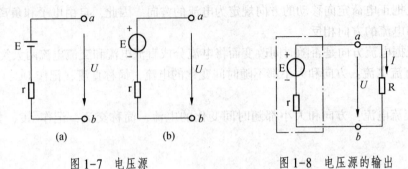

图1-7 电压源   图1-8 电压源的输出

$$U = E - Ir \qquad (1-3)$$

式中，E、r 均为常数，所以随着 I 的增加，内阻 r 上的电压增大，输出电压就降低，因此要求电压源的内阻越小越好。当内阻 $r=0$ 时，不管负载变动时输出电流 I 如何变化，电源始终输出恒定的电压 E，我们把内阻 $r=0$ 的电压源称为理想电压源，其符号如图 1-9 所示。

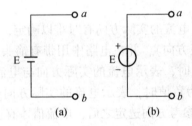

图1-9 理想电压源符号

在应用中，稳压电源、电池或内阻远小于负载阻值的电源，都可看作是理想电压源，而实际上理想电压源是不存在的，因为电源总是存在着内阻。

理想电压源的端电压只按其自身规律变化；理想电压源的端电压与流经它的电流方向、大小无关；理想电压源的端电压由自身决定，与外电路无关，而流经它的电流是由它及外电路所共同决定的。流过理想电压源的电流是随外电路变化的。

2）电流源

电流源是用一个恒定电流 I_s 与内阻 r 并联而成的。电流源的图形符号如图 1-10 所示。当电流源向负载 R 输出电流时，如图 1-11 所示。它所输出的电流 I 总是小于电流源的恒定电流 I_s。电流源的端电压 U 与输出电流 I 的关系为

$$I = I_s - \frac{U}{r} \qquad (1-4)$$

式中，电流源内阻 r 越大，I 越接近 I_s 的值。如果电流源内阻 r 无穷大，则不论由负载变化引起的端电压如何变化，它所输出的电流恒定不变，而且等于电流源的恒定电流 I_s，所以，内阻 r 为无穷大的电流源称为理想电流源，其符号如图 1-12 所示。

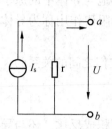
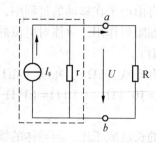
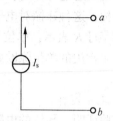

图 1-10　电流源　　　　图 1-11　电流源的输出　　　　图 1-12　理想电流源

实际上理想电流源是不存在的，因为电源内阻不可能无穷大。

理想电流源的输出电流只按其自身规律变化；理想电流源的输出电流与其两端电压方向、大小无关；理想电流源的输出电流由自身决定，与外电路无关，而其两端电压是由它及外电路所共同决定的。即理想电流源的两端电压是随外电路变化的。

2. 电动势

在电源外部的电路中，正电荷由电源正极流向负极。电源之所以能维持外电路中稳定的电流，是因为它有能力把来到负极的正电荷经过电源内部不断地搬到正极。

为了衡量电源内部电源力做功的能力，引入电动势的概念：在电源内部，电源力将单位正电荷从电源负极 b 移动到正极 a 所做的功称为电源的电动势，用字母 E 表示，单位为伏特，符号 V，其表达式为

$$E = \frac{W_{ba}}{q} \tag{1-5}$$

式中　　E——电动势，V；

　　　　W_{ba}——电功，J；

　　　　q——电量，C。

电动势与电压的相同点和不同点：

（1）电动势的单位和电压的单位相同，都是伏特。

（2）电动势与电压的物理意义不同。电动势是用来衡量电源力做功本领的大小，而电压是用来衡量电场力做功本领的大小。

（3）电动势与电压的方向不同。电动势的方向规定为在电源内部由负极指向正极。在电路中，用带箭头的细实线表示电动势的方向，而电压方向是由高电位指向低电位，如图 1-13 所示。

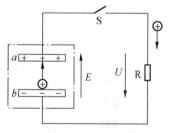

图 1-13　电动势与电压方向

（4）对于一个电源来说，既有电动势又有电压，但电动势只存在于电源内部。电源的电动势在数值上等于电源两端的开路电压，即电源两端不接负载时的电压。

四、电阻

1. 导体的电阻

当电流通过导体时，导体中的自由电子在移动的过程中，不断地与导体中的原子发生相互碰撞，这种碰撞对电子的运动起阻碍作用，导体对电流的这种阻碍作用称为导体的电阻，用字母 R 表示，单位为欧姆（Ω）。

电阻常用的单位除欧姆外，还有千欧（kΩ）、兆欧（MΩ），它们之间的关系为

$$1\ M\Omega = 10^3\ k\Omega \qquad 1\ k\Omega = 10^3\ \Omega$$

2. 电阻定律

实验证明，导体的电阻与导体的长度成正比，与导体的横截面积成反比，还与导体的材料有关。这是因为导体越长，自由电子运动路径就长，与原子和分子碰撞的机会增多，故表现为电阻增大；导体截面积越大，自由电子运动的通道也增大，与原子和分子碰撞的机会将减少，故电阻减小。不同材料单位体积内的自由电子数目不同，导电的能力也不同，因而电阻的大小也不同。导体电阻可以由下式计算：

$$R = \rho \frac{l}{S} \tag{1-6}$$

式中　R——导体的电阻，Ω；

　　　ρ——导体的电阻率，Ω·m；

　　　l——导体的长度，m；

　　　S——导体的横截面积，m^2。

电阻率 ρ 是反映材料导电性能好坏的物理量，ρ 越大，导体的导电性能越差。不同材料的导体其电阻率也不同。在金属导体中，银的电阻率最小，导电性能最好，但价格昂贵，铜和铝的电阻率也较小，作为导电材料，铜用得较多。表1-2列出了几种常见材料在20 ℃时的电阻率。

表1-2　几种常见材料在20 ℃时的电阻率

材料名称	电阻率/(Ω·m)	用　途
银	1.6×10^{-8}	导线镀银
铜	1.7×10^{-8}	导线（主要的导线材料）
铝	2.9×10^{-8}	导线
钨	5.3×10^{-8}	白炽灯的灯丝、电器触头
铁	1.0×10^{-7}	
电木	$10^{10} \sim 10^{14}$	绝缘体
橡胶	$10^{13} \sim 10^{16}$	绝缘体

3. 电阻的标示

电阻的指标包括标称阻值、允许偏差、标称功率、最高工作电压、稳定性、温度特性等，其中主要指标是标称阻值、允许偏差和标称功率。

（1）标称阻值。指电阻上标注的电阻值，电阻的电阻值并不是随心所欲生产的，为了便于生产，同时考虑到能够满足实际使用的需要，国家规定了一系列数值作为产品的标准，这一系列值称为电阻的标称系列值。

（2）允许偏差。电阻的标称阻值与实际阻值不完全相符，存在着偏差。允许偏差表示

电阻阻值的准确程度，常用百分数表示。普通电阻的允许偏差为±5%、±10%、±20%，精密电阻的允许偏差为±0.5%、±1%、±2%。只要一只电阻的实际阻值在允许偏差范围内，那么该电阻就是一只合格的产品。

（3）标称功率。也称为额定功率，是指在一定的条件下，电阻长期连续工作所允许消耗的最大功率。

4. 电阻的色环标志法

额定功率、阻值、偏差等电阻的性能指标一般用数字和文字符号直接标在电阻的表面上，也可以用不同的颜色表示不同的含义。

色标法是用颜色表示元器件的各种参数并直接标注在产品上的一种标志方法。采用色环标注的电阻，颜色醒目，标志清晰，不易褪色，从各方向都能看清阻值和偏差，有利于电气设备的装配、调试和检修。

表1-3　常用电阻色环表

颜色	有效数字	乘数	允许偏差/%	颜色	有效数字	乘数	允许偏差/%
黑色	0	10^0	—	紫色	7	10^7	±0.1
棕色	1	10^1	±1	灰色	8	10^8	—
红色	2	10^2	±2	白色	9	10^9	+50 −20
橙色	3	10^3	—	银色		10^{-2}	±10
黄色	4	10^4	—	金色		10^{-1}	±5
绿色	5	10^5	±0.5	无		—	±20
蓝色	6	10^6	±0.2				

各种固定电阻的色标符号见表1-3，辨认这种电阻时要从左至右进行，最左边为第一环。

下面举两个例子来说明色标法。阻值为26000 Ω、允许偏差±5%的电阻，表示方法如图1-14a所示。阻值为17.4 Ω、允许偏差为±1%的电阻，表示方法如图1-14b所示。

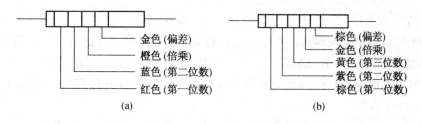

(a) 金色（偏差）　橙色（倍乘）　蓝色（第二位数）　红色（第一位数）

(b) 棕色（偏差）　金色（倍乘）　黄色（第三位数）　紫色（第二位数）　棕色（第一位数）

图1-14　色标法示例

5. 电导

电导表示某一种导体传输电流能力的强弱程度，用字母 G 表示，单位是西门子，简称西，符号 S。

对于纯电阻电路，电导与电阻的关系方程为 $G = 1/R$，也就是说，电导是电阻的倒数。

导体的电阻越小，电导就越大，导体的电阻越大，电导就越小。

五、电容

电容亦称作"电容量"，是指在给定电压下的电荷储藏量，符号 C。一般来说，电荷在电场中会受力而移动，当导体之间有了介质，则阻碍了电荷移动而使得电荷累积在导体上，造成电荷的累积储存，储存的电荷量则称为电容。

在国际单位制里，电容的单位是法拉，简称法，符号 F，由于法拉这个单位太大，所以常用的电容单位有毫法（mF）、微法（μF）、纳法（nF）和皮法（pF）等，换算关系是：

$$1 \text{ 法拉}(F) = 10^3 \text{ 毫法}(mF) = 10^6 \text{ 微法}(μF)$$

$$1 \text{ 微法}(μF) = 10^3 \text{ 纳法}(nF) = 10^6 \text{ 皮法}(pF)$$

电容是用来衡量电容器储存电荷和建立电场尺度的物理量。从物理学上讲，电容是一种静态电荷的存储介质，电荷可能会永久存在。电容是电子、电力领域中不可缺少的电子元件，主要用于电源滤波、信号滤波、信号耦合、谐振、滤波、补偿、充放电、储能、隔直流等电路中。

【习题】

一、填空题

1. 电场的方向是_____在电场中某点的_____方向。

2. 电场强度是描述_____特性的物理量。

3. 电压的方向规定为_____的运动方向。

4. 电位的参考点一般选为_____。

5. 电容亦称作"电容量"，是指在给定电压下的电荷_____。

二、选择题

1. 电荷的基本单位是（　　）。

A. 安秒　　　　　　B. 安培　　　　　　C. 库仑　　　　　　D. 千克

2. 电流的大小用电流强度来表示，其数值等于单位时间内通过某一导体截面的（　　）。

A. 电流　　　　　　B. 电量（电荷）　　C. 电压　　　　　　D. 功率

3. 导体的电阻不但与导体的长度、截面有关，而且还与导体的（　　）有关。

A. 温度　　　　　　B. 湿度　　　　　　C. 距离　　　　　　D. 材料

4. 电容上的电压升高过程是电容中电场建立的过程，在此过程中，它从（　　）吸取能量。

A. 电容　　　　　　B. 高次谐波　　　　C. 电源　　　　　　D. 电感

5. 参考点也叫零电位点，它是由（　　）。

A. 人为规定的　　　　　　　　　　　B. 参考方向决定的

C. 电位的实际方向决定的　　　　　　D. 大地性质决定的

6. 随参考点的改变而改变的物理量是（　　）。

A. 电位　　　　　　B. 电压　　　　　　C. 电流　　　　　　D. 电位差

7. 1 A 的电流在 1 h 内通过某导体横截面的电量是（　　　）。

A. 1 C　　　　　　　B. 60 C　　　　　　　C. 3600 C　　　　　　　D. 7200 C

三、综合题

1. 电流、电压、电位正负的含义是什么？

2. 电位与电压的区别是什么？如果电路中的某两点的电位都很高，那么这两点之间的电压是否就很大？

3. 如何根据电流的参考方向确定电流的实际方向？

4. 电动势与电压有什么区别？

四、计算题

1. 根据【例1-1】分析，当以 o 点为参考点时，求各点的电位及 d、o 两点间的电压 U_{do}。

2. 如果在 5 s 内通过导线截面的电量是 10 C，则电流是多少？如果通过导线截面的电流是 0.1 A，则 1 min 将有多少库仑的电量通过导线截面？

3. 已知在电路中 A 点对地的电位是 10 V，B 点对地的电位是 -10 V，求 A、B 两点之间的电压。

任务三 电阻的串联、并联和混联电路

【问题探究】

假如现在有两个 50 Ω 的电阻或者两个 200 Ω 的电阻，而实际电路需要一个 100 Ω 的电阻，那么该怎么办呢？大家讨论实现的方法。

【任务目标】

（1）掌握电阻串、并联的特点，会用串、并联电路的性质进行电路计算。

（2）掌握电阻混联的计算。

【相关知识】

一、电阻的串联

把 2 个或 2 个以上的电阻首尾顺次连接，然后接入电路，这样的连接方式称为电阻的串联，如图 1-15a 所示，是由 3 个电阻组成的串联电路。

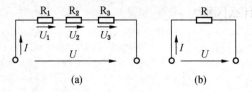

图 1-15 串联电路

1. 电阻串联电路的特点

（1）串联电路中各处电流相等，即

$$I = I_1 = I_2 = I_3 = \cdots = I_n \tag{1-7}$$

（2）串联电路两端的电压等于各电阻两端电压之和，即

$$U = U_1 + U_2 + U_3 + \cdots + U_n \tag{1-8}$$

（3）电阻串联后作为一个整体，它相当于一个电阻，这个电阻称为串联电路的等效电阻，用 R 表示，等效电阻就是总电阻。图 1-15b 叫做 1-15a 的等效电路。串联电路的总电阻等于各个导体的电阻之和，即

$$R = R_1 + R_2 + R_3 + \cdots + R_n \tag{1-9}$$

（4）串联电路中各个电阻两端的电压跟它的阻值成正比，即串联电路具有分压作用。

$$U_n = IR_n \tag{1-10}$$

因为在电阻串联电路中，流过每个电阻的电流相等，所以阻值越大的电阻分配的电压越高，阻值越小的电阻分配的电压越低。

两个电阻串联时的分压公式为

$$U_1 = \frac{R_1}{R_1 + R_2}U \qquad U_2 = \frac{R_2}{R_1 + R_2}U \tag{1-11}$$

（5）串联电路中，电阻消耗的总功率等于各电阻消耗的功率之和，即

$$P = P_1 + P_2 + P_3 + \cdots + P_n \tag{1-12}$$

2. 电阻串联电路的应用

电阻串联电路的应用十分广泛，在实际工作中常见的应用如下：

（1）采用几个电阻串联，用来获得阻值较大的电阻。

（2）用来构成分压器，使同一电源能供给几种不同的电压。

（3）当负载的额定电压低于电源电压时，可用串联电阻的办法来满足负载接入电源使用的需要。

（4）在电路中用电阻串联的方法限制和调节电流的大小。

（5）在电工测量中广泛用来扩大电压表的量程。

二、电阻的并联

把两个或两个以上的电阻一端连在一起，另一端也连在一起，然后把这两端接入电路，这样的连接方式叫做电阻的并联，如图 1-16a 所示，是由 3 个电阻组成的并联电路。

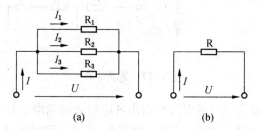

图 1-16 并联电路

1. 电阻并联电路的特点

（1）并联电路中各支路两端的电压相同，即

$$U = U_1 = U_2 = U_3 = \cdots = U_n \tag{1-13}$$

（2）并联电路的总电流等于各支路的电流之和，即

$$I = I_1 + I_2 + I_3 + \cdots + I_n \tag{1-14}$$

（3）电阻并联后作为一个整体，它相当于一个电阻，称为并联电路的总电阻，用 R 表示，图 1-16b 叫作图 1-16a 的等效电路。并联电路总电阻的倒数等于各电阻的倒数之和，即

$$\frac{1}{R} = \frac{1}{R_1} + \frac{1}{R_2} + \frac{1}{R_3} + \cdots + \frac{1}{R_n} \tag{1-15}$$

（4）并联电路中通过各个电阻的电流跟它的阻值成反比，即

$$I_n = \frac{U}{R_n} \tag{1-16}$$

因为在电阻并联电路中，每个电阻两端的电压相等，所以阻值越大的电阻分配的电流越小，阻值越小的电阻分配的电流越大。

两个电阻并联时的分流公式为

$$I_1 = \frac{R_2}{R_1 + R_2}I \qquad I_2 = \frac{R_1}{R_1 + R_2}I \tag{1-17}$$

（5）并联电路中，电阻消耗的总功率等于各电阻消耗的功率之和，即

$$P = P_1 + P_2 + P_3 + \cdots + P_n \tag{1-18}$$

2. 电阻并联电路的应用

（1）凡是额定电压相同的负载几乎都采用并联。

（2）电阻并联时，总电阻小于并联电阻中阻值最小的那个电阻，因此可以用来获得阻值较小的电阻。

（3）用并联电阻的方法，可扩大电流表的量程。

三、混联电路

在电路中，既有电阻串联又有电阻并联的电路叫做电阻的混联电路，如图 1-17 所示。

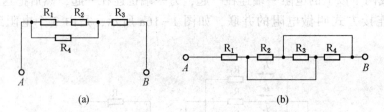

图 1-17　混联电路

混联电路，有的比较直观，可以直接看出各电阻之间的串、并联关系。如图 1-17a 所示，可以看出 R_1 与 R_2 串联后与 R_4 并联，再与 R_3 串联，则其等效电阻可以写为

$$R = (R_1 + R_2)//R_4 + R_3$$

而有的混联电路则比较复杂，如图 1-17b 所示，不能直接看出各电阻之间的串、并联关系，这时计算混联电路的等效电阻的步骤如下：

（1）在原电路图中，给各电阻的连接点标注一个字母，对用导线相连的各点必须标注同一个字母。

（2）把标注的各字母沿水平方向依次排开，待求两端的字母排在左右两端。

（3）将各电阻依次接入与原电路图对应的两字母之间，画出等效电路图。

（4）根据等效电路中电阻之间的串、并联关系，求出等效电阻。

【例 1-2】已知图 1-18a 中的电阻 $R_1 = R_2 = 10\ \Omega$，$R_3 = R_4 = 20\ \Omega$，$R_5 = 5\ \Omega$，求 a、b 间的等效电阻。

解　按照混联电路等效电阻的计算步骤，把图 1-18a 变成等效电路图 1-18b，由图 1-18b 可以看出 R_1 与 R_2 并联后与 R_5 串联，再与 R_3、R_4 并联，其等效电阻为

$$R_{ab} = (R_5 + R_1//R_2)//R_3//R_4 = (5 + 10//10)//20//20 = 5\ \Omega$$

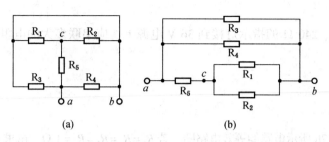

图1-18　电路图

【习题】

一、填空题

1. 三个阻值都为 12 Ω 的电阻，它们串联后，总电阻是_____，并联后，总电阻是_____。

2. 三个电阻之比为 $R_1 : R_2 : R_3 = 1 : 2 : 5$，将这三个电阻并联，则通过这三条支路的电流 $I_1 : I_2 : I_3$ 为_____。

3. 分压公式是_____，分流公式是_____。

4. 串联电路中的_____处处相等，总电压等于各电阻上_____之和。

5. 已知 $R_1 = 6$ Ω，$R_2 = 3$ Ω，$R_3 = 2$ Ω，它们串联后的总电阻 $R =$_____。

6. 在并联电路中，等效电阻的倒数等于各电阻倒数_____。

二、选择题

1. 串联电路中，电压的分配与电阻成（　　　）。

A. 正比　　　　　　B. 反比　　　　　　C. 1 : 1　　　　　　D. 2 : 1

2. 并联电路中，电流的分配与电阻成（　　　）。

A. 正比　　　　　　B. 反比　　　　　　C. 1 : 1　　　　　　D. 2 : 1

3. 在实际电路中，照明灯具的正确接法是（　　　）。

A. 串联　　　　　　B. 并联　　　　　　C. 混联　　　　　　D. 随便

4. 20 Ω 的电阻与 80 Ω 电阻并联时的等效电阻为（　　　）Ω。

A. 18　　　　　　　B. 20　　　　　　　C. 22　　　　　　　D. 24

三、综合题

1. 简述电阻串联的特点。

2. 简述电阻并联的特点。

四、计算题

1. 一只 24 V、240 Ω 的指示灯接到 36 V 电源上，应串联多大的电阻？

2. 画出图 1-17b 所示电路的等效电路图，若 $R_1=R_2=R_3=R_4=1$ Ω，试求 A、B 间的总电阻。

任务四　欧姆定律、基尔霍夫定律和支路电流法

【问题探究】

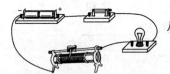

图 1-19　调光台灯的电路

图 1-19 是调光台灯的电路，有哪些方法可改变灯泡的亮度（电流）？

（1）改变电路的电压。

（2）改变电路中的电阻。

电路中电源电压和电路中的电阻改变，电流就会改变，说明电路中电流电压和电阻之间有一定的关系，这节课我们就来学习这个问题。

【任务目标】

（1）掌握欧姆定律及应用。

（2）掌握基尔霍夫定律，能应用基尔霍夫定律分析和计算复杂电路。

（3）掌握支路电流法，能确定电流的实际方向。

【相关知识】

一、欧姆定律

1. 部分电路欧姆定律

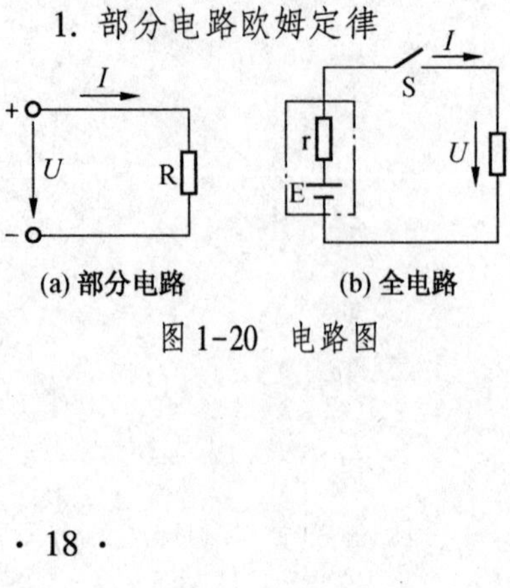

(a) 部分电路　　(b) 全电路

图 1-20　电路图

只含有负载而不包含电源的一段电路称为部分电路，如图 1-20a 所示。导体两端加上电压后，导体中才有持续的电流。那么，电流与电压有什么关系呢？

通过实验可以知道：导体中的电流与导体两端的电压成正比，与导体的电阻成反比，这个规律称为部分电路欧姆定律，其公式为

$$I = \frac{U}{R} \tag{1-19}$$

【例1-3】已知某电阻为30 Ω，加在它两端的电压为12 V，求流过它的电流有多大？

解
$$I = \frac{U}{R} = \frac{12}{30} = 0.4 \text{ A}$$

2. 全电路欧姆定律

全电路是指含有电源的闭合电路，如图1-20b所示。图中R是负载电阻，点画线框内代表一个实际的电源，电源的内部一般都是有电阻的，这个电阻称为电源的内电阻，用字母r表示。为了分析电路方便，通常在电路图上把r单独画出。而实际上，内电阻是在电源内部，与电动势是分不开的，可以不单独画出，而在电源符号的旁边注明内电阻的数值就行了。

当开关S断开时，电源的端电压在数值上等于电源的电动势（方向是相反的）。

当开关S闭合时，我们用电压表测量电源的端电压，发现所测数值比开路电压小，或者说，闭合电路中电源的端电压小于电源的电动势。为什么呢？这是因为电流流过电源内部时，在内电阻上产生了电压降U_r，$U_r = Ir$。可见电路闭合时，电源端电压U等于电源电动势E减去内压U_r，即

$$U = E - U_r = E - Ir = IR$$

故
$$I = \frac{E}{R + r} \tag{1-20}$$

式（1-20）表明，全电路中的电流与电源的电动势成正比，与电路中内电阻和外电阻之和成反比，这个规律称为全电路欧姆定律。

【例1-4】电源电动势$E = 5$ V，内阻$r = 0.5$ Ω，外接负载电阻$R = 9.5$ Ω，试求电源端电压和电源内电阻的电压？

解
$$I = \frac{E}{R + r} = \frac{5}{9.5 + 0.5} = 0.5 \text{ A}$$
$$U = IR = 0.5 \times 9.5 = 4.75 \text{ V}$$
$$U_r = Ir = 0.5 \times 0.5 = 0.25 \text{ V}$$

二、基尔霍夫定律

以上研究的电路，都是可以依靠电阻串并联化简及欧姆定律来求解的电路，即简单电路。此外，我们还会遇到另一类电路，如图1-21所示的电路。在E_1、E_2、R_1、R_2及R_3等都已知的情况下，由于三个电阻之间既无串联关系又无并联关系，不能化简，所以这个电路单靠欧姆定律是不能求解的，这类电路叫复杂电路。

基尔霍夫定律，是对任何电路都有效的电路定律，复杂电路只有利用它才能求解。

在讨论基尔霍夫定律之前，先介绍几个电路上的名词。

支路：由一个或几个元件构成的无分支电路叫做支路。在同一支路中，流过所有元件的电流都相等。图1-21电路中有3条支路，即*bafe*、*be*、*bcde*支路，其中*bafe*、*bcde*两支路中分别含有电源E_1、E_2，称为有源支路；*be*支路不含电源，称为无源支路。

节点：3条或3条以上支路的汇交点叫作节点。图1-21电路中，有两个节点，分别是*b*和*e*。

回路：电路中任意一个闭合路径称为回路。图 1-21 电路中，电路中的 *abefa*、*bcdeb*、*abcdefa* 都是回路。

网孔：单孔的回路称为网孔。在图 1-21 电路中，*abefa*、*bcdeb* 回路是网孔。

1. 基尔霍夫电流定律

基尔霍夫电流定律又叫基尔霍夫第一定律，也叫节点电流定律，其简写形式是 KCL。它的内容是流入一个节点的电流之和恒等于流出这个节点的电流之和，即

$$\sum I_入 = \sum I_出 \tag{1-21}$$

如图 1-22 所示，有 5 条支路汇聚于 A 点，其中 I_1 和 I_3 是流入节点的，I_2、I_4 和 I_5 是流出节点的，故有

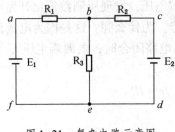

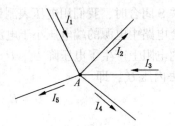

图 1-21　复杂电路示意图　　　　图 1-22　节点图

$$I_1 + I_3 = I_2 + I_4 + I_5$$

将上式移项，则有

$$I_1 + I_3 - I_2 - I_4 - I_5 = 0$$

如果规定流入节点的电流为正，流出节点的电流为负，则基尔霍夫第一定律又可表述为流入任意一个节点的电流的代数和等于零，即

$$\sum I = 0 \tag{1-22}$$

2. 基尔霍夫电压定律

基尔霍夫电压定律又叫基尔霍夫第二定律，也叫回路电压定律，其简写形式为 KVL。它的内容是对于任一闭合回路，各段电压的代数和恒等于零，即

$$\sum U = 0 \tag{1-23}$$

根据基尔霍夫第二定律所列出的方程叫做回路电压方程。在列方程时，关键是确定各元件上电压的正负。一般方法如下：

（1）假设各支路的电流参考方向，根据电流的参考方向，确定电阻元件上的电压参考方向。对电阻而言，电压参考方向与电流参考方向相同。

（2）确定电源的电压方向，对理想电源而言，$U=E$，但电压的实际方向由正极指向负极。

（3）给每一个回路规定一个绕行方向。

（4）电压的参考方向与回路绕行方向一致，则电压取正值；如果电压的参考方向与回路绕行方向相反，则电压取负值。

在电压的正负确定以后，就可根据基尔霍夫第二定律列出回路电压方程。

【例 1-5】如图 1-23 所示，已知 $E_1 = 30$ V，$E_2 = 20$ V，$R_1 = 1$ Ω，$R_2 = 2$ Ω，$R_3 = 5$ Ω，$I_1 = 3$ A，$I_2 = 5$ A，$I_3 = 1$ A，试应用基尔霍夫第二定律计算电动势 E_3 的大小。

解　假定各支路的电流方向和回路绕行方向，如图 1-23 所示，列方程：

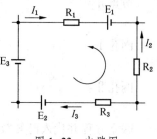

图 1-23　电路图

$$E_1 - E_2 - E_3 + I_1R_1 - I_2R_2 + I_3R_3 = 0$$
$$E_3 = E_1 - E_2 + I_1R_1 - I_2R_2 + I_3R_3$$
$$= 30 - 20 + 3 \times 1 - 5 \times 2 + 1 \times 5$$
$$= 8 \text{ V}$$

根据【例 1-5】中的公式：

$$E_1 - E_2 - E_3 + I_1R_1 - I_2R_2 + I_3R_3 = 0$$

将上式移项，则有

$$I_1R_1 - I_2R_2 + I_3R_3 = -E_1 + E_2 + E_3$$

因为 $IR = U$，所以上式可写成

$$U_1 - U_2 + U_3 = -E_1 + E_2 + E_3$$

所以，基尔霍夫第二定律另一种表示方法为：在任意一个回路中，电动势的代数和等于各电阻上电压的代数和，即

$$\sum E = \sum IR \tag{1-24}$$

注意：根据式（1-24）列方程时，电阻上电压正负的确定方法与式（1-23）相同，电动势的方向与回路绕行方向一致时，则电动势取正，反之取负。

3. 支路电流法

支路电流法是分析复杂电路的基本方法，它是利用基尔霍夫定律并以各支路电流作为未知量，列出若干节点电流方程和回路电压方程，然后联立求解，这种计算方法叫做支路电流法。

支路电流法计算的步骤如下：

（1）先找出复杂电路的支路数 m、节点数 n 和网孔数，然后任意假定各支路电流的参考方向和网孔的绕行方向。

（2）根据 KCL 列出 $n-1$ 个独立的节点电流方程。

（3）根据 KVL 列出 $m-(n-1)$ 个独立的回路电压方程。

（4）代入已知数据，解联立方程求出各支路的电流。

（5）确定各支路电流的实际方向。当计算结果为正时，说明电流的参考方向与实际电流方向相同；结果为负时，则相反。

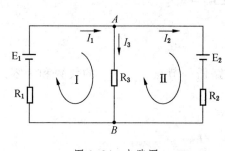

图 1-24　电路图

【例 1-6】如图 1-24 所示，已知 $E_1 = 10$ V，$E_2 = 5$ V，$R_1 = R_2 = 1$ Ω，$R_3 = 2$ Ω，求各支路的电流。

解 假定各支路电流参考方向和网孔绕行方向。

节点 A：

$$I_1 = I_2 + I_3$$

网孔Ⅰ：

$$E_1 = I_1 R_1 + I_3 R_3$$

网孔Ⅱ：

$$-E_2 = I_2 R_2 - I_3 R_3$$

联立方程并代入已知数值：

$$I_1 = I_2 + I_3$$
$$10 = I_1 + 2I_3$$
$$-5 = I_2 - 2I_3$$

解得

$$I_1 = 4 \text{ A}$$
$$I_2 = 1 \text{ A}$$
$$I_3 = 3 \text{ A}$$

I_1、I_2、I_3 所标注的电流参考方向与实际电流方向相同。

【习题】

一、填空题

1. 只含有负载而不包含_____的一段电路称为部分电路。

2. 导体中的电流与导体两端的电压成_____，与导体的电阻成_____。

3. 全电路中的电流与电源的电动势成_____，与电路中内电阻和外电阻之和成_____。

4. 由一个或几个元件构成的_____电路叫做支路。

5. 电路中任意一个闭合路径称为_____。

6. 在图 1-25 中，支路数为_____，节点数为_____，回路数为_____，网孔数为_____。

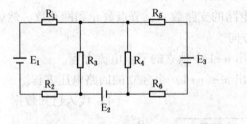

图 1-25 电路图

7. 基尔霍夫电流定律指出：任一时刻，流过电路任一节点_____的代数和为零，其数学表达式为_____。

二、选择题

1. 只含有负载而不包含电源的一段电路称为（　　）。

A. 部分电路　　　　B. 全电路　　　　　C. 电压电路　　　　D. 电流电路

2. 全电路是指含有电源的（　　）电路。

A. 断开　　　　　　　B. 闭合　　　　　　　C. 开路　　　　　　　D. 短路

3. 基尔霍夫第一定律指（　　）定律。

A. 欧姆　　　　　　　B. 电压　　　　　　　C. 电流　　　　　　　D. 电阻

4. 基尔霍夫第二定律指（　　）定律。

A. 欧姆　　　　　　　B. 电压　　　　　　　C. 电流　　　　　　　D. 电阻

三、综合题

1. 欧姆定律确定了哪几个量之间的关系？

2. 某一电阻若阻值不变，当电阻两端的电压增加时其电流如何变化？为什么？

3. 结合学习的内容，归纳应用基尔霍夫第二定律时需要注意的问题。

四、计算题

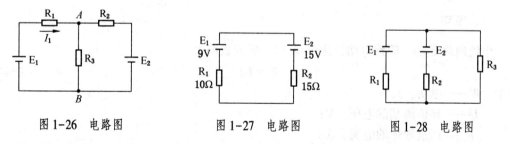

图 1-26　电路图　　　　　　图 1-27　电路图　　　　　　图 1-28　电路图

1. 在图 1-26 中，已知 $E_1 = 3$ V，$E_2 = 12$ V，$R_1 = 50$ Ω，$R_3 = 80$ Ω，流过 R_1 的电流 I_1 = 8 mA，求 R_2 的大小及通过 R_2 电流的大小和方向。

2. 如图 1-27 所示，求回路中电流的大小和方向。

3. 在图 1-28 中，$E_1 = 120$ V，$E_2 = 130$ V，$R_1 = 10$ Ω，$R_2 = 2$ Ω，$R_3 = 10$ Ω，试用支路电流法求各支路电流的大小和方向。

任务五　电功、电功率及电器的额定值

【问题探究】

每个家庭都在用电，同学们一定常听父母说，上个月家里用了多少"度"电，这里说的"度"是什么意思？在日常生活中，我们常见的灯泡，在它的表面都会标注一些数字，这些数字又有什么意义？

【任务目标】

（1）掌握电功、电功率的计算及区别。

（2）了解额定值的概念，会根据额定值正确使用电气设备。

【相关知识】

一、电功

电流所做的功，简称电功，用 W 表示。研究表明：

$$W = UIt \tag{1-25}$$

式中　W——电功，J；

　　　U——导体两端的电压，V；

　　　I——通过导体的电流，A；

　　　t——通电时间，s。

在实际应用中，电功还有一个常用单位是千瓦时(kW·h)，俗称度，其与焦耳的换算如下：

$$1 \text{ kW} \cdot \text{h} = 3.6 \times 10^6 \text{ J}$$

电流做功时，消耗的是电能。电能转化为哪种形式的能，要看电路中具有哪种类型的元件。

1. 纯电阻电路

只含有白炽灯、电炉等电热元件的电路是纯电阻电路。电流通过纯电阻电路时电能全部转化为内能。

把欧姆定律 $U = IR$ 代入式（1-25）后得

$$W = I^2Rt = \frac{U^2}{R}t \qquad (1-26)$$

2. 非纯电阻电路

如电动机电路，电流通过电路时，电能大部分转化为机械能，只有小部分转化为内能，这样的电路称为非纯电阻电路，U、I 和 R 之间不满足欧姆定律，只能用 $W=UIt$ 计算电功。

二、电功率

电功表示电场力做功的多少，但不能表示做功的快慢。我们把单位时间内电流所做的功，称为电功率，用字母 P 表示：

$$P = \frac{W}{t} \qquad (1-27)$$

式中 P——电功率，W；

W——电功，J；

t——时间，s。

在国际单位制中，功率的单位是瓦特，简称瓦，符号 W。常用的功率单位还有千瓦（kW）等。

把式（1-23）代入式（1-25）得

$$P = UI \qquad (1-28)$$

对于纯电阻电路，把式（1-24）代入式（1-25）后可得

$$P = I^2R = \frac{U^2}{R} \qquad (1-29)$$

【例 1-7】一个 200 Ω 的电阻流过 20 mA 的电流时，求电阻上的电压和电阻消耗的功率，当通电时间为 1 min 时，电阻消耗的电能为多少？

解 由部分电路的欧姆定律得电阻上的电压：

$$U = IR = 0.02 \times 200 = 4 \text{ V}$$

电阻消耗的功率：

$$P = UI = 4 \times 0.02 = 0.08 \text{ W}$$

电阻消耗的电能：

$$W = Pt = 0.08 \times 60 = 4.8 \text{ J}$$

三、额定值

电气元件和电气设备安全工作时所允许的最大电流、最大电压和最大功率分别称为额定电流、额定电压和额定功率。一般元器件和设备的额定值都标在其明显位置，如灯泡上标有的 "220 V 100 W"，就是它的额定值。电动机的额定值通常标在其外壳的铭牌上，故其额定值也称铭牌数据。

电气设备或元器件在额定功率下的工作状态称为额定工作状态（也称满载）。低于额定功率的工作状态称为轻载；高于额定功率的工作状态称为过载或超载。轻载时电气设备不能得到充分利用或根本无法正常工作，过载时电气设备容易被烧坏或造成严重事故。因

此，轻载和过载都是不正常的工作状态。

【习题】

一、填空题

1. 电功是_____所做的功。

2. 在实际应用中，电功还有一个常用单位是_____，俗称_____。

3. 电流做功时，_____的是电能。

4. 只含有白炽灯、电炉等电热元件的电路是_____电路。

5. 低于额定功率的工作状态称为_____；高于额定功率的工作状态称为_____。

6. 额定值为"220 V 40 W"的白炽灯，灯丝热态电阻的阻值为_____。如果把它接到110 V的电源上，实际消耗的功率为_____。

二、选择题

1. 额定电压为220 V的灯泡接在110 V电源上，灯泡的功率是原来的（   ）。

A. 2   B. 4   C. 1/2   D. 1/4

2. R_1和R_2为两个并联电阻，已知$R_1 = R_2$，且R_2上消耗的功率为1W，则R_1上消耗的功率为（   ）。

A. 2 W   B. 1 W   C. 4 W   D. 0.5 W

3. 对于一个"220 V 40 W"的灯泡，不考虑温度对电阻的影响，下列结论正确的是（   ）。

A. 接在110 V电压上，功率为20 W   B. 接在440 V电压上，功率为60 W

C. 接在110 V电压上，功率为10 W   D. 接在220 V电压上，功率为40 W

4. 两只白炽灯的额定电压为220 V，额定功率分别为100 W和25 W，下面结论正确的是（   ）。

A. 25 W白炽灯的灯丝电阻较大   B. 100 W白炽灯的灯丝电阻较大

C. 25 W白炽灯的灯丝电阻较小   D. 两只白炽灯的灯丝电阻无法比较

5. 把单位时间内电流所做的功，称为（   ）。

A. 功耗   B. 电功   C. 电功率   D. 耗电量

三、综合题

1. 什么叫电功？什么叫电功率？

2. 什么是电气设备或元器件的欠载、满载、超载工作状态？

任务六 万用表的使用

【问题探究】

在日常生活中，当家里突然停电或是家用电器突然停止工作时，我们首先应该想到什么？假如你毕业后是一名企业的电工，在企业电路发生问题时让你去解决，你认为最重要的工具应该是什么？你会怎么去排除故障？

【任务目标】

（1）掌握万用表的使用方法。

（2）掌握万用表在使用时的注意事项。

（3）会用万用表测量电阻、电压和电流。

【相关知识】

一、认识万用表

万用表又称多用表，用来测量直流电流、直流电压、交流电流、交流电压、电阻等，有的万用表还可以用来测量电容、电感以及晶体二极管、三极管的某些参数。指针式万用表主要由表盘、转换开关、表笔和测量电路（内部）4 个部分组成。下面以 MF-47 型万用表为例进行介绍，图 1-29 所示为 MF-47 型万用表的外形图。

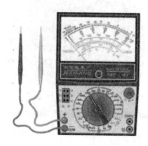

图 1-29 MF-47 型万用表外形图

1. 万用表的刻度盘

如图 1-30 所示，万用表刻度盘共有六条刻度，从上往下：第一条专供测量电阻用；第二条供测量交、直流电压和直流电流用；第三条供测量晶体管放大倍数用；第四条供测量电容用；第五条供测量电感用；第六条供测量音频电平用。刻度盘上装有反光镜，以消除视差。

2. 万用表的操作区

万用表的操作区如图 1-31 所示，可以分成 6 个部分。

3. 万用表的使用注意事项

万用表虽有双重保护装置，但使用时仍应遵守下列规程，避免意外损失：

（1）万用表在使用时，必须水平放置，以免造成误差。同时，还要注意避免外界磁场对万用表的影响。

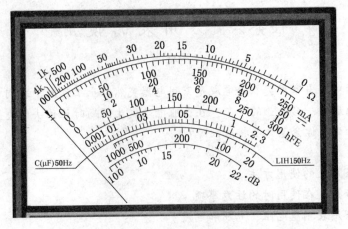

图 1-30　万用表刻度盘

1—机械调零旋钮；2—表笔插孔；3—转换开关；
4—欧姆调零旋钮；5—扩展插孔；6—测三极管

图 1-31　万用表的操作区

（2）在使用前应检查指针是否指在机械零位上，如不指在零位时，可旋转表盖的调零器使指针指示在零位上（称为机械调零）。测量电阻时每换一次挡位都要进行欧姆调零。

（3）进行测量前，先检查红、黑表笔连接的位置是否正确。红色表笔接到红色接线柱或标有"+"号的插孔内，黑色表笔接到黑色接线柱或标有"−"号的插孔内，不能接反，否则在测量直流电量时，会因为正负极的反接而使指针反转，损坏表头部件。

（4）在表笔连接被测电路之前，一定要查看所选挡位与测量对象是否相符，否则，误用挡位和量程不仅得不到测量结果，而且还会损坏万用表，这是初学者最容易忽略的环节。

（5）测量时，须用右手握住两支表笔，手指不要触及表笔的金属部分和被测元器件。这样一方面可以保证测量的准确，另一方面也可以保证人身安全。

（6）测量中若需转换量程，必须在表笔离开电路后才能进行，否则转换开关转动所产生的电弧易烧坏转换开关的触点，造成接触不良。测电阻时，不能带电测量。

（7）万用表使用完毕，应将转换开关置于交流电压的最大挡位。如果长期不使用，还应将万用表内部的电池取出来，以免电池腐蚀表内其他器件。

二、利用万用表测量电阻、电压和电流

1. 测量电阻

1）量程的选择

（1）初测。先粗略估计所测电阻阻值，再选择合适量程，如果被测电阻不能估计其值，一般情况将转换开关拨在 $R×100$ 或 $R×1 k$ 的位置进行初测，然后看指针是否停在中线附近，如果是，说明挡位合适。如果指针太靠近零，则要减小挡位，如果指针太靠近无穷大，则要增大挡位。

（2）选择正确挡位。测量时，指针在刻度盘 1/3～2/3 之间，说明挡位选择正确。

2）欧姆调零

量程选准以后在正式测量之前必须调零，否则测量值有误差。将红黑两笔短接、看指针是否指在零刻度位置，如果没有，调节欧姆调零旋钮，使其指在零刻度位置（如果不能调到零刻度位置，则说明电池电压不足，应更换电池）。

3）读数

读出指针在欧姆刻度线上的读数，再乘以该挡对应的分倍率，就是所测电阻的阻值。例如用 $R×100$ 挡测量电阻，指针指在 80，则所测得的电阻值为 $80×100＝8000 \ \Omega$。

$$阻值＝刻度值×倍率$$

4）注意事项

（1）测量电路中的电阻时，应先切断电路电源，如电路中有电容应先行放电。

（2）量程选准以后在正式测量之前必须进行欧姆调零，这样才能确保读数的准确。

（3）测量电阻时，不能用两手分别将两表笔的金属端与待测电阻的两端捏在一起，否则测量时就接入了人体电阻，导致测量结果不准确。

（4）读数时，从右向左读，且目光应与表盘刻度垂直。

2. 测量电压

用 MF-47 型指针式万用表测量电压时，如果是测量直流电压，把转换开关打到直流电压挡位；如果是测量交流电压，把转换开关打到交流电压挡位。

测量电压时要选对量程，如果用小量程去测量大电压，则会有烧表的危险；如果用大量程去测量小电压，那么指针偏转太小，无法正确读数。量程的选择应尽量使指针偏转到满刻度的 2/3 左右。如果事先不清楚被测电压的大小时，应先选择最高量程挡位，然后逐渐减小到合适的量程。

按刻度盘第二条电压、电流刻度线进行读数。第二条刻度线有三组刻度数字，根据所选择的量程来选择刻度。然后根据该挡位量程读出刻度线上指针所指的数字，即被测电压的大小。如用 250 V 挡位测量，可以直接读 0～250 的刻度数值。如用 500 V 挡位测量，可以读 0～50 的刻度数值，然后再乘以 10 即可。

注意：测量直流电压时，要分清"＋""－"极。将红表笔接被测电压"＋"极，黑表笔接被测量电压"－"极。若表笔接反，表头指针会反方向偏转，容易撞弯指针。

3. 测量电流

MF-47 型指针式万用表只能测量直流电流。

测量直流电流时，将万用表转换开关打到直流电流挡位的合适量程上，电流的量程选择和读数方法与测量电压时相似。测量时必须先断开电路，然后按照电流从"＋"到"－"的方向，将万用表串联到被测电路中，即电流从红表笔流入，从黑表笔流出。如果误将万用表与负载并联，则因表头的内阻很小，会造成短路烧毁仪表。

【实操训练】

一、训练目的

（1）熟悉万用表的面板。

（2）掌握万用表测量直流电压、交流电压的方法。

（3）掌握万用表测量电阻的方法。

二、实训器材

指针式 MF-47 型万用表，100 Ω 电阻 1 只，200 Ω 电阻 1 只，电工实验台。

三、实施过程及步骤

1. 测量直流电压

（1）调节直流稳压电源输出电压。

（2）将万用表的转换开关置于直流电压挡位，选择合适的量程，红表笔接到直流稳压电源"＋"极，黑表笔接到直流稳压电源"－"极。

（3）读出直流稳压电源的输出电压。

2. 测量交流电压

（1）将万用表的转换开关置于交流电压挡位，选择合适的量程。

（2）测量交流电压，读出电压值。

3. 测量电阻

（1）将万用表的转换开关置于欧姆挡位，选择合适的倍率。

（2）将红、黑表笔分别插入"＋""－""孔中，将两表笔短接，进行一次欧姆调零。

（3）测量电阻，读出指针读数，乘以挡位对应的倍率就是被测电阻的阻值。

测量时必须避免两手同时捏住万用表的表笔和被测电阻。

4. 实训结束

（1）实训结束后，整理好本次实训所用的器材，将万用表选择开关置于交流电压最高挡位，收好万用表。

（2）清扫工作台，打扫实训室。

【习题】

一、填空题

1. 指针式万用表主要由_____、_____、_____和测量电路（内部）四个部分组成。

2. 万用表的操作区，可以分成_____、_____、_____、_____、_____、_____六个部分。

3. 在使用万用表之前，应先进行_____，即在没有被测电量时，使万用表指针指在_____的位置上。

4. 测量电阻时，如果指针太靠近零，则要_____挡位，如果指针太靠近无穷大，则要_____挡位。

5. 测量电压时要选对量程，如果用小量程去测量大电压，则会有_____。

6. 测量电压时要选对量程，如果用大量程去测量小电压，那么指针_____，无法_____。

二、选择题

1. 用万用表测得电路两端电压为零，这说明（　　　）。

A. 外电路断路　　　　　　　　B. 外电路短路

C. 外电路上电流比较小　　　　D. 电源内电阻为零

2. 测量电压时，应把万用表打到（　　　），然后开始测量。

A. 最大挡位　　　　　　　　　B. 最小挡位

C. 中间挡位　　　　　　　　　D. 无所谓

3. 万用表在使用时，必须（　　　）放置，以免造成误差。

A. 倾斜　　　　B. 水平　　　　C. 垂直　　　　D. 无所谓

4. 测量电阻时，量程选准以后在正式测量之前必须进行（　　　），才能确保读数的准确。

A. 机械调零　　　B. 不调零　　　C. 欧姆调零　　　D. 无所谓

三、综合题

1. 用万用表如何测量电阻？

2. 万用表测量直流电压和交流电压的区别是什么？

3. 使用万用表有哪些注意事项？

项目二 认知普通固定电话电路——磁场与电场的实验与研究

【项目描述】

电话机在日常生产生活中应用广泛，虽然应用场合不同，种类繁多，但原理相同。本项目主要介绍磁场及其基本物理量、磁路和磁路定律、通电导体在磁场中的受力问题、电磁感应定律及楞次定律；互感和自感、涡流现象及其应用等内容，并通过项目技能训练——认知普通固定电话来巩固和检测读者对本项目知识的掌握情况。

【项目目标】

(1) 理解磁场及其基本物理量、能运用正确的方法判断磁场对电流的作用力，了解涡流现象及其应用。

(2) 学生在教师的指导下，认知并掌握普通固定电话的基本功能及送、受话器的工作原理。

任务一 磁场及其基本物理量、磁路和磁路定律

【实验探究】

如图 2-1 所示，在直导体正下方放一枚小磁针，给直导体通入直流电，观察小磁针如何偏转。如果给导体中通入相反的直流电，小磁针又如何偏转呢？

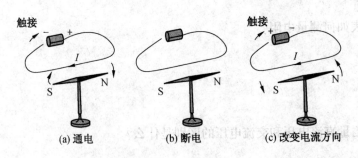

图 2-1 小磁针实验

【任务目标】

(1) 掌握磁场的基本知识，理解磁场相关物理量的概念和其表示方法。

(2) 掌握磁路的基本知识，理解磁路定律。

【相关知识】

一、磁场的基本知识

1. 磁体与磁感线

具有磁性的物体称为磁体。磁体分为天然磁体和人造磁体。通常所说的吸铁石就是天然磁体，常见的人造磁体有条形的、U 形的和针形的。磁体两端最强的部分称为磁极。任何磁铁都有北极（N）和南极（S）两个磁极。

将一根磁铁放在另一根磁铁的附近，两根磁铁的磁极之间会产生互相作用的磁力，同名磁极互相排斥，异名磁极互相吸引。磁极之间相互作用的磁力，是通过磁极周围的磁场传递的。磁极在自己周围空间里产生的磁场对处在它里面的磁极均产生磁场力的作用。

磁场可以用磁感线来表示，磁感线存在于磁极之间的空间中。如图 2-2 所示，磁感线的方向从北极出来，进入南极，磁感线在磁极处密集，并在该处产生最大磁场强度，离磁极越远，磁感线越疏。

2. 磁场的基本物理量

为了更好地理解磁场的基本性质，介绍 4 个常用的基本物理量，即磁感应强度 B、磁通 Φ、磁导率 μ、磁场强度 H。

1）磁感应强度

磁感应强度是反映磁场性质的参数。它的大小反映磁场强弱，它的方向就是该点的磁场方向，即磁针 N 极的方向，用字母 B 表示。其定义：在磁场中，垂直于磁场方向的通电导线，所受电磁力 F 与电流 I 和导线长度 l 的乘积 Il 的比值，单位为特斯拉，简称特（T）。即

$$B = \frac{F}{Il}$$

因为磁场的强弱可用磁力线的密度表示，所以磁感应强度的大小也可用垂直穿过单位面积的磁力线根数来表示，又可称磁通密度。

若在磁场中某一区域，磁力线疏密一致，且方向相同，则称该区域为匀强磁场或均匀磁场。如图 2-3 所示，在均匀磁场内，磁感应强度处处相同。

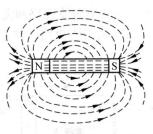

图 2-2 条形磁铁的磁感线

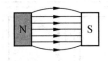

图 2-3 均匀磁场

2）磁通

一块磁铁由北极向南极的磁力线组合称为磁通，用符号 Φ 表示。磁场中磁力线的数量决定了磁通量的值。磁力线越多，磁通越大，磁场越强。

在电工学中经常要研究穿过某一面积的磁场，引出磁通量。设在匀强磁场中有一个与

磁场方向垂直的平面，磁场的磁通密度为 B，平面的面积为 S，我们定义磁感应强度 B 与面积 S 的乘积，称穿过这个面的磁通量（简称磁通），用 Φ 表示，即

$$\Phi = BS$$

磁通的单位是韦伯（Wb），简称韦。

3）磁导率

对于不同材料建立磁场的难易程度由材料的磁导率来衡量。磁导率越高，磁场越容易建立。磁导率是一个用来表示磁场介质磁性的物理量，也就是用来衡量物质导磁能力的物理量。

真空中的磁导率是一个常数，用 μ_0 表示，即

$$\mu_0 = 4\pi \times 10^{-7} \mathrm{H/m}$$

其他任一介质的磁导率与真空的磁导率的比值称为相对磁导率，用 μ_r 表示，即

$$\mu_r = \frac{\mu}{\mu_0}$$

4）磁场强度

为了使磁场的计算简单，常用磁场强度这个物理量来表示磁场的性质。在磁场中，各点磁场强度的大小只与电流的大小和空间位置有关，而与介质的性质无关。

磁场中某点的磁感应强度 B 与介质磁导率 μ 的比值，叫做该点的磁场强度，用 H 来表示：

$$H = \frac{B}{\mu}$$

磁场强度也是一个矢量，在均匀的介质中，它的方向是和磁感应强度的方向一致的。在国际单位制中，它的单位为 A/m（安/米），工程技术中常用的辅助单位还有 A/cm（安/厘米）和 1 A/cm＝100 A/m。

二、磁路和磁路定律

1. 磁路

磁通经过的闭合路径叫磁路。磁路和电路一样，分为有分支磁路和无分支磁路两种类型。图 2-4a 所示的磁路为无分支磁路，图 2-4b 所示为有分支磁路。在无分支磁路中，通过每一个横截面的磁通都相等。

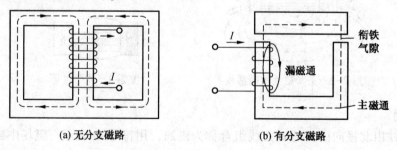

(a) 无分支磁路　　　　　　　(b) 有分支磁路

图 2-4　磁路

2. 磁路的欧姆定律

1）磁动势

通电线圈产生的磁通 Φ 与线圈的匝数 N 和线圈中所通过的电流 I 的乘积成正比。我们把通过线圈的电流 I 与线圈匝数 N 的乘积，称为磁动势，也叫做磁通势，即

$$F_m = NI$$

磁动势 F_m 的单位是安培匝数（A）。

2）磁阻

磁阻就是磁通通过磁路时所受到的阻碍作用，用 R_m 表示。磁路中磁阻的大小与磁路的长度 l 成正比，与磁路的横截面积 S 成反比，并与组成磁路的材料性质有关，因此有

$$R_m = \frac{l}{\mu S}$$

式中　μ——磁导率，H/m；

　　　l——磁路的长度，m；

　　　S——磁路的横截面积，m^2。

根据推导，可知 R_m 的单位为 H^{-1}。

3）磁路欧姆定律

通过磁路的磁通与磁动势成正比，与磁阻成反比，即

$$\Phi = F_m / R_m$$

该式与电路的欧姆定律相似：磁通 Φ 对应于电流 I，磁动势 F_m 对应于电动势 E，磁阻 R_m 对应于电阻 R（图 2-5）。因此，这一关系称为磁路欧姆定律。

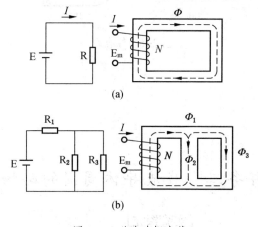

(a)

(b)

图 2-5　磁路欧姆定律

【习题】

一、填空题

1. 具有磁性的物体称为_____。

2. 磁极间的相互作用力的规律是_____。

3. 磁感应强度是描述_____的物理量。

二、选择题

1. 下列关于磁场的说法中，正确的是（　　　）。

A. 磁场和电场一样，是客观存在的特殊物质

B. 磁场是为了解释磁极间的相互作用而人为规定的

C. 磁体与磁体之间是直接发生作用的

D. 磁场只有在磁体与磁体、磁体与电流发生作用时才产生

2. 下列关于磁感线的叙述，正确的是（　　　）。

A. 磁感线是真实存在的，细铁屑撒在磁铁附近，我们看到的就是磁感线

B. 磁感线始于N极，终于S极

C. 磁感线和电场线一样，不能相交

D. 沿磁感线方向磁场减弱

3. 下列说法中不正确的是（　　　）。

A. 磁体在空间能产生磁场，磁场使磁体间不必接触便能相互作用

B. 在磁场中的某一点，小磁针静止时北极所指的方向，就是这一点的磁场方向

C. 当两个磁体的同名磁极相互靠近时，两条磁感线有可能相交

D. 磁体周围的磁感线都是闭合的曲线

三、综合题

画出图2-6中磁铁周围磁感线的形状和方向，并给小磁针标出N、S极。

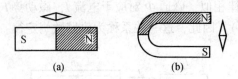

(a)　　　　　　　　(b)

图 2-6　综合题

任务二　载流导体周围的磁场

【实验探究】

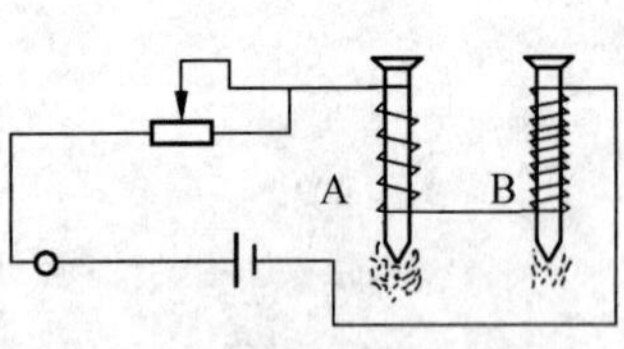

图 2-7　载流导体周围的磁场实验

如图2-7所示，实验中发现铁钉A比B能吸引更多的大头针。根据实验现象可以得出的结论是：当电流一定时，电磁铁的线圈匝数越多，磁性越强。将滑线变阻器的抽头向右移动时，两铁钉吸引的大头针都将变少。这说明电磁铁的磁性还与线圈电流有关。

【任务目标】

（1）理解电流的磁效应。

（2）会运用安培定则判断载流导体周围的磁场方向。

【相关知识】

一、电流的磁效应

1820年，丹麦物理学家奥斯特发现：把一条导线平行地放在磁针的上方，给导线通电，磁针就发生偏转，就好像磁针受到磁铁的作用一样。这说明电流也能产生磁场，电和磁是有密切联系的。奥斯特的发现极大地推动了电磁学的发展，在此基础上以安培为代表的法国科学家很快取得了研究成果，总结出了电流产生磁场的规律。

奥斯特发现，任何通有电流的导线都可以在其周围产生磁场，这种现象称为电流的磁效应。

二、电流的磁场

1. 通电直导线周围的磁场

通电直导线周围的磁场如图2-8所示。其磁力线是一些以导线上各点为圆心的同心圆，这些同心圆都在与导线垂直的平面上。通电直导线电流的方向跟它的磁力线方向之间的关系可以用安培定则（也叫右手螺旋法则）来判定：用右手握住直导线，让伸直的大拇指所指方向与电流方向一致，弯曲的四指所指方向就是磁力线的环绕方向。

2. 通电螺线管产生的磁场

螺线管线圈可看作是由N匝环形导线串联而成的，其磁场如图2-9所示。螺线管通电以后通电螺线管的磁场表现出来的磁性，很像是一根条形磁铁，一端相当于N极、另一端相当于S极，改变电流方向，它的两极就对调。通电螺线管外部的磁力线和条形磁铁外部的磁力线相似，也是从N极出来，进入S极。通电螺线管内部具有磁场，内部的磁力线跟螺线管的轴线平行，方向由S极指向N极，并和外部的磁感线连接，形成一些闭合曲线。通电螺线管的电流方向跟它的磁感线方向之间的关系，也可用安培定则来判定：用右手握住螺线管，让弯曲的四指所指方向跟电流的方向一致，那么大拇指所指方向就是螺线管内部磁感线的方向，也就是说，大拇指指向通电螺线管的N极。

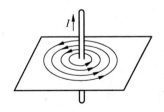

图2-8　通电直导线周围的磁场

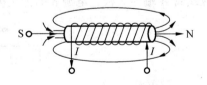

图2-9　通电螺线管的磁场

🔖 **知识拓展**

电磁起重机是利用电磁原理搬运钢铁物品的机器。电磁起重机的主要组成部分是磁铁。当通入电流后，电磁铁便把钢铁物品牢牢吸住，吊运到指定的地方。切断电流，磁性消失，钢铁物品就被放下来了。电磁起重机使用十分方便，但必须有电流才可以使用，可以应用在废钢铁回收部门和炼钢车间等。

电磁起重机能产生强大的磁场力，几十吨重的铁片、铁丝、铁钉、废铁和其他各种铁料，不装箱不打包也不用捆扎，就能很方便地收集和搬运，不但操作省力，而且工作简化了。装在木箱中的钢铁材料和机器可以同样搬运。起重机工作时，只要电磁铁线圈里电流不停，被吸起的重物就不会落下，看不见的磁力比坚固的链条更可靠。

【习题】

一、填空题

1. 发现电流周围存在着磁场的科学家是_____。

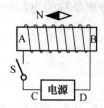

2. 通电螺线管周围存在着_____。

3. 通电螺线管周围的磁感线和_____的磁感线相似。通电螺线管两端的磁极性质跟_____有关。

4. 如图 2-10 所示，当开关 S 闭合时，小磁针的指向如图所示，则 C 是电源的_____极，D 是电源的_____极。

图 2-10　填空题 4

二、选择题

1. 下列方法中，不能增强螺线管磁性的是（　　）。

A. 增加螺线管的匝数　　　　　　B. 在通电螺线管内插入铁棒

C. 增大螺线管线圈中的电流　　　D. 增大螺线管本身的直径

2. 课外活动时有几位同学讨论后得出，电磁铁两端的极性与下面的条件有关，你认为其中正确的是（　　）。

A. 电磁铁两端的极性是由线圈的缠绕方向决定的

B. 电磁铁两端的极性是由电流的环绕方向决定的

C. 电磁铁两端的极性是由插入线圈中的铁芯方向决定的

D. 电磁铁两端的极性是由电流的大小决定的

3. 通电螺线管旁的小磁针静止如图 2-11 所示，判断正确的是（　　）。

A. 螺线管 A 端为 N 极，电源 a 端为正极

B. 螺线管 A 端为 S 极，电源 a 端为负极

C. 螺线管 A 端为 N 极，电源 a 端为负极

D. 螺线管 A 端为 S 极，电源 a 端为正极

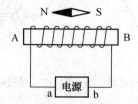

图 2-11　判断通电螺线管的磁极和电源的极性

三、综合题

如图 2-12 所示，根据通电螺线管旁小磁针的 N、S 极指向，标出通电螺线管的 N、S 极和电源的正、负极。

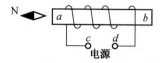

图 2-12　判断通电螺线管的磁极和电源的极性

任务三　磁场对载流导体的作用

【实验探究】

如图 2-13 所示，将导体 AB 在磁场中分别沿着前后、左右、上下 3 个方向移动，观察检流计指针的变化情况；改变导体运动的速度或者磁场的方向，再进行上述操作会有什么变化？

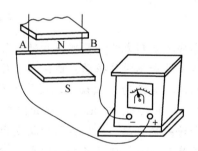

图 2-13　磁场对载流导体作用的实验

【任务目标】

（1）理解电磁力的概念。

（2）会运用左手定则判断载流导体在磁场中运动的方向。

【相关知识】

磁场对载流直导体的作用。

一、大小

通电直导体周围存在磁场（电流的磁效应），它就形成一个磁体，把这个磁体放到另一个磁场中，也会受到磁力的作用，这就是"电磁生力"。

电磁力是指通电导体在磁场中受到的作用力。

电磁力的大小：

$$F = BIL\sin\alpha$$

式中　F——通电导体受到的电磁力，N；

　　　B——磁感应强度，T；

　　　I——导体中的电流强度，A；

　　　L——导体在磁场的长度，m；

　　　α——电流方向与磁感应线的夹角，（°）。当 $\alpha = 90°$ 时，$F = BIL\sin\alpha$ 最大，$F = BIL$；

　　　　　当 $\alpha = 0°$ 时，$F = BIL\sin\alpha$ 最小，等于 0。

二、方向

如图 2-14 所示，通电导体在磁场内的受力方向，可用左手定则判断：平伸左手，拇指与并拢的四指垂直，并在同一平面上，手心正对磁场的方向，四指指向电流的方向，则拇指的指向就是通电导体的受力方向。

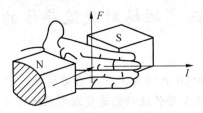

图 2-14　通电导体在磁场内的受力方向的判断

📷 知识拓展

动圈式话筒是利用电磁感应现象制成的，可把声音转变为电信号。其工作原理：当声源对着话筒发声时，声波使其中的金属膜片振动，连接在膜片上的线圈（叫做音圈）随着一起振动，音圈在永久磁铁的磁场里振动（做切割磁感线运动），就产生了感应电流（电信号），感应电流的大小和方向都在变化，变化的振幅和频率由声源发出的声波决定。然后这个电信号经扩音器放大后传给扬声器，从扬声器中就发出放大的声音来。

动圈式话筒主要由金属膜片和线圈、磁铁及外壳组成，它的优点是：结构牢固、性能稳定、经久耐用、价格较低，频率特性良好，50～15000 Hz 频率范围内幅频特性曲线平坦，指向性好，无须直流工作电压，使用简便、噪声小。缺点是：响应频率的范围（主要是高频部分）、灵敏度以及瞬时响应能力方面比另一种常用话筒——电容话筒稍逊一筹。

【习题】

一、填空题

1. 如图 2-15 所示，放在马蹄形磁铁两极之间的导体棒 ab，当通有自 b 到 a 的电流时受到向右的安培力作用，则磁铁的上端是_____极。如磁铁上端是 S 极，导体棒中的电流方向自 a 到 b，则导体棒受到的安培力方向指向_____。

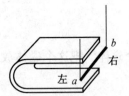

图 2-15　判断安培力的方向

　　2. 将一根导线平行置于静止的小磁针上方，当开关闭合时小磁针发生偏转，这说明通电导体周围存在着_____，将电源的正负极对调，再闭合开关，观察小磁针偏转方向的变化，可发现电流的磁场方向与_____有关。

3. 通电导线在磁场中受力的方向跟电流方向、_____的方向都有关系。

二、选择题

1. 下列设备中，利用"通电导体在磁场中受力运动"原理工作的是（　　　）。

A. 电铃　　　　　　B. 发电机　　　　　C. 电动机　　　　　D. 电磁起重机

2. 如图 2-16 所示，在闭合开关 S 的瞬间，*AB* 棒水平向左运动；若将电池反接并接通开关 S，*AB* 棒的运动方向是（　　　）。

A. 水平向左　　　　B. 水平向右　　　　C. 竖直向上　　　　D. 竖直向下

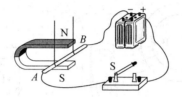

图 2-16　判断 *AB* 棒的运动方向

3. 如图 2-17 所示的 4 个图中，分别标明了通电导线在磁场中的电流方向、磁场方向以及通电导线所受磁场力的方向，其中正确的是（　　　）。

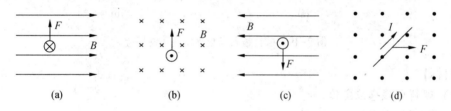

（a）　　　　　　　　（b）　　　　　　　　（c）　　　　　　　　（d）

图 2-17　选择题 3

三、综合题

回顾探究磁场对电流的作用实验，将下列实验报告中的空缺部分填写完整，实验过程如图 2-18 所示。闭合开关，导体 *ab* 向右运动，说明通电导体在磁场中受到力的作用；将电源的正负极对调后，闭合开关，导体 *ab* 向左运动，这说明通电导体的受力方向与_____方向有关。应用此现象中，电能转化为_____能，据此制成了_____。

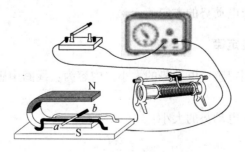

图 2-18　综合题图

任务四 电磁感应、楞次定律

【实验探究】

如图2-19a所示，将线圈A与线圈B绕在同一个铁芯上，线圈A通过开关S与电源连接，线圈B接入电流计。实验发现：当闭合开关S瞬间，观察电流计的指针的变化。当开关S断开瞬间，再次观察电流计的指针变化。

如图2-19b所示，如果把磁铁插入或拔出螺线管时，观察电流表指针发生的变化。

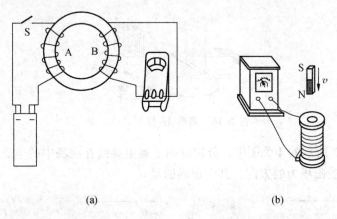

(a)　　　　　　　　(b)

图2-19 磁铁插入或拔出螺线管的实验

【任务目标】

（1）理解电磁感应定律。

（2）理解楞次定律。

【相关知识】

英国科学家法拉第于1831年发现当导体做切割磁力线运动或线圈中的磁通发生变化时，在导体或线圈中会发生感应电动势。这种利用磁场产生感应电动势的现象称为电磁感应现象。由电磁感应产生的电动势称为感应电动势；有感应电动势产生的电流称为感应电流。

磁通发生变化时会产生感应电动势和感应电流，可用法拉第电磁感应定律计算其大小，用楞次定律判断感应电动势的方向。

一、法拉第电磁感应定律

电磁感应定律用于判定感应电动势的大小，内容为：线圈中感应电动势的大小与线圈中磁通的变化率成正比。

单匝线圈产生的感应电动势的大小：

$$e = \frac{\Delta \Phi}{\Delta t}$$

N匝线圈产生感应电动势的大小：

$$e = N \frac{\Delta \Phi}{\Delta t}$$

式中　　e——在 Δt 时间内感应电动势的平均值，V；

　　　　$\Delta \Phi$——单匝线圈中磁通的变化量，Wb；

　　　　Δt——磁通变化量所需时间，s；

　　$\dfrac{\Delta \Phi}{\Delta t}$——磁通的变化率，Wb/s。

二、楞次定律

楞次定律指出了磁通的变化与感应电动势在方向上的关系，即：感应电流产生的磁通总是阻碍原磁通的变化。

运用楞次定律判定感应电流方向的基本思路可归结为："一原、二感、三电流"，即

（1）明确原磁场。弄清原磁场的方向及磁通量的变化情况；

（2）确定感应磁场。即根据楞次定律中的"阻碍"原则，结合原磁场磁通量变化情况，确定出感应电流产生的感应磁场的方向；

（3）判定电流方向。即根据感应磁场的方向，运用安培定则判断出感应电流方向。

三、电磁感应定律

法拉第电磁感应定律和楞次定律合并起来称为电磁感应定律，其公式为

$$e = - N \frac{\Delta \Phi}{\Delta t}$$

式中"−"反映楞次定律中电动势的方向和磁通变化的趋势相反。

🔖 知识拓展

楞次（Lenz，Heinrich Friedrich Emil）1804 年 2 月 24 日出生于爱沙尼亚，16 岁以优异成绩考入家乡的道帕特大学。1828 年被挑选为俄国圣彼得堡科学院的初级科学助理，1830 年被选为圣彼得堡科学院通讯院士，1834 年选为院士。曾长期担任圣彼得堡大学物理数学系主任，后来由教授会选为第一任校长。

楞次在物理学上的主要成就是发现了电磁感应的楞次定律和电热效应的焦耳–楞次定律。

1833 年，楞次在圣彼得堡科学院宣读了他的题为"关于用电动力学方法决定感生电流方向"的论文，提出了楞次定律。亥姆霍兹证明楞次定律是电磁现象的能量守恒定律。

迈克尔·法拉第（Michael Faraday，1791 年 9 月 22 日—1867 年 8 月 25 日），英国物理学家、化学家，也是著名的自学成才的科学家，出生于萨里郡纽因顿一个贫苦铁匠家庭，仅上过小学。1831 年，他作出了关于电力场的关键性突破，永远改变了人类文明。

迈克尔·法拉第是英国著名化学家戴维的学生和助手，他的发现奠定了电磁学的基础，是麦克斯韦的先导。1831 年 10 月 17 日，法拉第首次发现电磁感应现象，进而得到产生交流电的方法。1831 年 10 月 28 日法拉第发明了圆盘发电机，是人类创造出的第一个发电机。

由于他在电磁学方面做出了伟大贡献，因此被称为"电学之父"和"交流电之父"。

【习题】

一、填空题

1. 电磁感应现象中，感应电动势的大小用_____定律计算，方向用_____定律判断。

2. 楞次定律的内容表述是_____。

3. 电磁炉是根据_____原理制成的。

二、选择题

1. 一根长 0.2 m 的直导线，在磁感应强度 $B = 0.8$T 的匀强磁场中以 $v = 3$ m/s 的速度做切割磁感线运动，直导线垂直于磁感线，运动方向跟磁感线、直导线相垂直。问直导线中感应电动势的大小是（　　）V。

A. 0.48　　　　　　 B. 4.8　　　　　　 C. 0.24　　　　　　 D. 0.96

2. 下列说法中正确的有（　　　）。

A. 只要闭合电路内有磁通量，闭合电路中就有感应电流产生

B. 穿过螺线管的磁通量发生变化时，螺线管内部就一定有感应电流产生

C. 线框不闭合时，若穿过线圈的磁通量发生变化，线圈中没有感应电流和感应电动势

D. 线框不闭合时，若穿过线圈的磁通量发生变化，线圈中没有感应电流，但有感应电动势

3. 根据楞次定律可知感应电流的磁场一定是（　　　）。

A. 阻碍引起感应电流的磁通量　　　　　 B. 与引起感应电流的磁场反向

C. 阻碍引起感应电流的磁通量的变化　　　 D. 与引起感应电流的磁场方向相同

三、综合题

简述感应电动势的大小和方向与哪些因素有关。

任务五　自感与互感

【实验探究】

如图 2-20 所示，HL1 和 HL2 是两个完全相同的指示灯，L 是一个电感较大的线圈，调节 R 使它的阻值等于线圈的电阻。将开关 S 闭合的瞬间，观察两个指示灯的变化；在开关 S 断开的瞬间，再次观察两灯的变化。

【任务目标】

（1）理解自感和互感现象。

（2）会判断同名端。

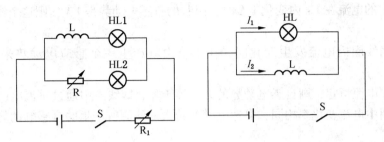

图 2-20　自感与互感的实验

【相关知识】

一、自感

当线圈中的电流发生变化时，就会产生感应电动势，这个电动势总是阻碍线圈中原来电流的变化。

自感——由于流过线圈本身的电流发生变化而引起的电磁感应现象称为自感现象，简称自感。

自感电动势——自感现象中产生的感应电动势，用 e_L 表示。由自感现象产生的电流称为自感电流，用 i_L 表示。

1. 自感系数

自感磁通——自感电流产生的磁通。

同一电流流过不同的线圈，产生的磁链不同，为表示各个线圈产生自感磁链的能力，将线圈的自感磁链与电流的比值称为线圈的自感系数，简称电感，用 L 表示，单位为亨利（H）。

$$L = \frac{N\Phi}{I}$$

即 L 是线圈通过单位电流时所产生的磁链。在电子技术中常采用较小的单位，如 mH（毫亨）和 μH（微亨）。它们之间的关系为

$$1\ H = 10^3\,mH = 10^6\,\mu H$$

2. 自感电动势

自感现象是电磁感应现象的一种特殊情况，遵从法拉第电磁感应定律。

$$e_L = L\frac{\Delta I}{\Delta t}$$

式中　ΔI——线圈中电流的变化量，A；

　　　Δt——线圈中电流变化时所用时间，s；

　$\dfrac{\Delta I}{\Delta t}$——电流变化率；

　　　L——线圈的自感系数，简称自感或电感，H；

　　　e_L——线圈的自感电动势，V。

自感电动势的大小与线圈中电流的变化率成正比，其方向符合感应电动势正方向的规

定。当线圈中的电流在1 s内变化1 A时，引起的自感电动势是1 V，则这个线圈的自感系数就是1 H。

可见，当线圈内电流发生变化时，在线圈内就产生一个感应电动势来阻碍电流的变化。

若线圈中电流恒定，则自感电动势的大小等于零，即线圈中通过直流电时不产生自感现象。若线圈中电流变化率相同，显然电感L越大的线圈所产生的自感电动势越大，自感作用越强。

任何回路，通电时都要产生磁链，所以都具有一定的自感，只是有的回路自感很小被忽略不计而已。

例如输电线路的自感，每单位长度仅几微亨，而日光灯用的镇流器，它的自感一般都在1H左右。

二、互感

1. 互感现象

如图2-21所示，两个靠得很近的线圈A、B，当线圈A的电流变化时，穿过线圈B的磁通量发生变化，在线圈B中就会产生感应电动势；同样，如果线圈B中的电流变化时，线圈A中的磁通量发生变化，在线圈A中也会产生感应电动势。这种一个回路中的电流改变时，在附近其他回路中发生电磁感应的现象，叫做互感现象。

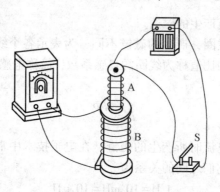

图 2-21　互感的实验

互感——由一个线圈中的电流发生变化而在另一线圈中产生电磁感应的现象。

2. 互感系数

两个有磁交链（耦合）的线圈中，互感磁链与产生此磁链的电流比值，叫做这两个线圈的互感系数或互感量，简称互感，用符号 M 表示。互感系数的单位和自感系数一样，也是 H。

通过推导，我们还可以得出互感系数与它们的自感系数的关系为

$$M = K\sqrt{L_1 L_2}$$

L_1 和 L_2 分别为两线圈的自感，K 称为耦合系数，$0 \leqslant K \leqslant 1$。$K = 0$ 时，$M = 0$，表示两线圈的磁通互不交链，不存在互感；$K = 1$ 时，一个线圈产生的磁通完全与另一个线圈相

交，其中没有漏磁通，因此产生的互感最大，称全耦合。由以上分析可知，互感系数取决于两线圈的自感系数与耦合系数，反映了两线圈耦合的紧密程度，与互感电动势、互感电流之间有密切的关系。

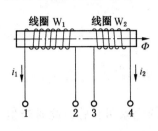

图 2-22 互感

3. 互感电动势

如图 2-22 所示，i_1 所产生的穿过线圈 W_2 的磁链为 Ψ_{21}，根据法拉第电磁感应定律可知，在 W_2 中产生的互感电动势 E_{M2} 为

$$E_{M2} = M \frac{\Delta i_1}{\Delta t}$$

同理，线圈 W_2 中电流 i_2 变化时，在线圈 W_1 中产生的互感应电动势 E_{M1} 为

$$E_{M1} = M \frac{\Delta i_2}{\Delta t}$$

由此可见，互感电动势的大小与互感系数的大小成正比，与另外一个线圈的电流变化率成正比。互感现象在电工和电子技术中应用非常广泛，如电力变压器、电流互感器、电压互感器等都是根据互感原理工作的。

三、同名端

如图 2-23 所示，SA 闭合瞬间，A 线圈有电流 I 从 1 端流进，根据楞次定律，在 A 线圈两端产生自感电动势，极性为左正右负。利用同名端可确定 B 线圈的 4 端和 C 线圈的 5 端皆为自感电动势的正端。

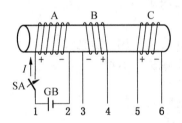
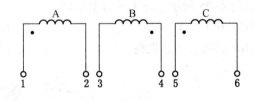

图 2-23 同名端

知识拓展

日光灯电路中镇流器就是利用自感原理制成的。日光灯是怎样工作的呢？如图 2-24 所示，当开关闭合后，电源把电压加在起动器的两极之间，使氖气放电而发出辉光。辉光产生的热量使 U 形动触片膨胀伸长，跟静触片接触而把电路接通，于是镇流器的线圈和灯管的灯丝中就有电流通过。电路接通后，起动器中的氖气停止放电，U 形动触片冷却收缩，两个触片分离，电路自动断开。在电路突然中断的瞬间，在镇流器两端产生一个很高的自感电动势，方向与原来电压的方向相同，这个自感电动势与电源

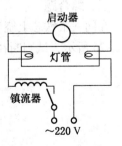

图 2-24 日光灯的原理

电压加在一起，形成一个瞬时高电压，加在灯管两端，使灯管中的水银蒸气开始放电，于是日光灯管开始发光。在日光灯正常发光时，由于交变电流不断通过镇流器的线圈，线圈中就有自感电动势，它总是阻碍电流变化的，这时镇流器起着降压限流作用，保证日光灯的正常工作。

【习题】

一、填空题

1. 自感电动势的大小与线圈的和线圈中_____成正比，表达式为_____。

2. 电感线圈属_____元件，电阻属于_____元件。

3. 由于一个线圈电流的变化而在另一线圈中产生_____的现象叫互感，此时产生的电动势叫_____。

二、选择题

1. 下列关于自感现象的说法错误的是（　　）。

A. 自感现象是由于导体本身的电流发生变化而产生的电磁感应现象

B. 线圈中自感电动势的方向总与引起自感的原电流的方向相反

C. 线圈中自感电动势的大小与穿过线圈的磁通量变化的快慢有关

D. 加铁芯后线圈的自感系数比没有加铁芯时要大

2. 关于线圈的自感系数，下面说法正确的是（　　）。

A. 线圈的自感系数越大，自感电动势一定越大

B. 线圈中电流等于零时，自感系数也等于零

C. 线圈中电流变化越快，自感系数越大

D. 线圈的自感系数由线圈本身的因素及有无铁芯决定

3. 如图 2-25 所示，开关 S 合上瞬间（　　）。

A. HL1 和 HL2 同时亮　　　　　　B. HL1 先亮、HL2 后亮

C. HL1 后亮、HL2 先亮　　　　　　D. 以上说法均不对

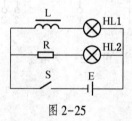

图 2-25

三、综合题

在同一个铁芯上绕着两个线圈，单刀双掷开关原来接在点 1，现把它从 1 扳向 2，如图 2-26 所示，试判断在此过程中电阻 R 上的电流方向。

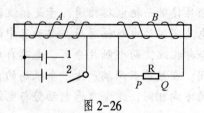

图 2-26

任务六　涡　　　流

【实验探究】

实验器材如图 2-27 所示（三根不同的钢管，外加一枚铝块和一块强力磁铁）。实验如下：将铝块和强力磁铁分别放入三根钢管中，观察其下落速度。观察到铝块在三根钢管中下落速度是一样的；磁铁在第二根钢管中下落较慢，在第一、第三根钢管中下落时间差不多，但都比第二根慢。通过此次实验了解到可通过改变金属材料的形状来减少涡流的产生，也可以增大涡流的产生。

图 2-27　涡流现象

【任务目标】

了解涡流现象及其应用。

【相关知识】

一、涡流的产生

仔细观察发电机、电动机和变压器，就可以看到，它们的铁芯都不是整块金属，而是用许多薄的硅钢片叠压而成。为什么这样呢？原来，把整块金属置于随时间变化的磁场中或让它在磁场中运动时，金属块内将产生感应电流，如图 2-27 所示，这种电流在金属块内自成闭合回路，很像水的漩涡，因此叫做涡电流，简称涡流。整块金属的电阻很小，所以涡流常常很大，不可避免地使铁芯发热、温度升高，引起材料绝缘性能下降，甚至破坏绝缘层而造成事故。铁芯发热，使一部分电能转换为热能白白浪费，这种电能损失叫涡流损失。

在电机、变压器的铁芯中，完全消除涡流是不可能的，但可以采取有效措施尽可能地减小涡流。为减小涡流损失，电机和变压器的铁芯通常不用整块金属，而用涂有绝缘漆的薄硅钢片叠压制成，这样涡流被限制在狭窄的薄片内，回路电阻很大，涡流大为减小，从而使涡流损失大大降低。

铁芯采用硅钢片，是因为这种钢比普通钢电阻率大，可以进一步减少涡流损失，硅钢片的涡流损失只有普通钢片的1/5~1/4。

二、涡流的应用

在一些特殊场合，涡流也可以被利用，如用于有色金属和特种合金的冶炼等。如图2-28a所示，利用涡流加热的电炉叫高频感应炉，它的主要结构是一个与大功率高频交流电源相接的线圈，被加热的金属就放在线圈中间的坩埚内，当线圈中通以很大的高频电流时，它的交变磁场在坩埚内的金属中产生强大的涡流，产生大量的热使金属熔化。

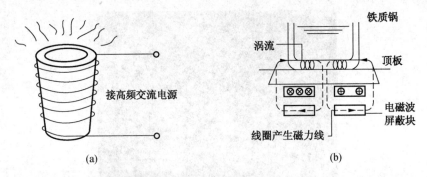

图 2-28　涡流的应用

如图2-28b所示，利用涡流的作用可制成电磁炉，它利用了涡流的加热原理。通过电子线路板可产生交变磁场，当将含铁质锅具的底部放置在炉面上时，锅具即切割交变磁力线而在锅具底部金属部分产生交变电流（涡流），涡流使锅具铁分子高速无规则运动，分子间互相碰撞、摩擦而产生的热能（故电磁炉煮食的热源来自于锅具底部而不是电磁炉本身发热传导给锅具，所以热效率要比所有炊具的效率高出近一倍）使器具本身自行高速发热，用来加热和烹饪食物。电磁炉具有升温快、热效率高、无明火、无烟尘、无有害气体、对周围环境不产生热辐射、体积小巧、安全性好和外观美观等优点，能完成家庭的绝大多数烹饪任务。因此，在电磁炉较普及的一些国家里，人们誉之为"烹饪之神"和"绿色炉具"。

🔘 知识拓展

涡流检测仪简介

涡流检测仪的种类较多，按检测目的分类有导电仪、测厚仪、探伤仪等。

涡流检测仪的主要工作过程：产生激励信号、检测涡流信息、鉴别影像因素和指示检测结果。

涡流检测仪的结构如图2-29所示。

1. 振荡器

振荡器主要是给电桥电路提供电源，可分为高频信号和低频信号。

高频：2~6 MHz，适用于检测表面裂纹。

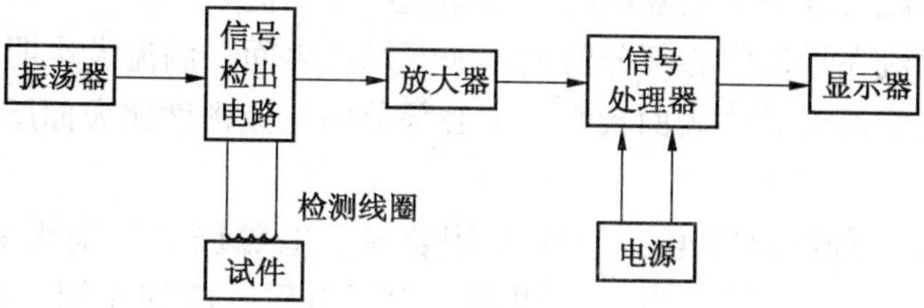

图 2-29　涡流检测仪的结构框图

低频：50~100 Hz，适用于表面下缺陷和多层结构中的第二层。

2. 放大器

由于线圈产生信号的幅度和相位改变较小，必须要有放大器进行放大。要求放大器低噪声、动态范围宽、畸变低。

3. 抑制电路

抑制无关的信号。

4. 信号检出电路

提出有关的参量所施加的调制——解调，由幅度探测器、相敏探测器来实现。

5. 信号显示器

显示器显示所检出的信号，有电流表、示波管、计算机。

电流表用于便携式小型涡流探伤仪，用以检测电桥的电流输出。被检测设备的表面缺陷电流与缺陷大小之间呈线性关系。

示波管多用于较大的涡流检测仪，把探头检测到的阻抗在阻抗平面上的二维分量以图形显示出来。

计算机可用于多路通道的数据处理，并显示出来。

【习题】

一、填空题

1. 整块金属置于随时间变化的磁场中或让它在磁场中运动时，金属块内将产生的感应电流叫_____。

2. 在电机、变压器的铁芯中，采取_____措施尽可能地减小涡流损失。

3. 利用_____的作用可制成电磁炉进行加热。

二、选择题

1. 铁芯采用硅钢片，是因为这种钢比普通钢电阻率（　　），可进一步减少涡流损失。

A. 大　　　　　　　　B. 小　　　　　　　　C. 等于　　　　　　　　D. 无关

2. 电磁炉是利用涡流加热的，它利用交变电流通过线圈产生变化磁场，当磁场内的磁感线通过锅底时，即会产生无数小涡流，使锅本身高速发热，从而达到烹饪食物的目的，因此，下列的锅类或容器中，不适用于电磁炉的是（　　）。

A. 煮中药的瓦罐　　B. 不锈钢锅　　　　C. 平底铸铁炒锅　　D. 塑料盆

3. 下面关于涡流的叙述中，正确的句子是（　　）。

A. 当导体中的磁力线变化时，在磁力线周围产生感应电流

B. 当导体中的磁力线被缺陷隔断时，在那里产生涡流

C. 导体中的涡流在导体中心部分较大，随着靠近表面，涡流大小明显下降

D. 导体中的涡流靠近导体表面较大，中心部分的电流密度比表面层要高得多

三、综合题

图 2-30 所示是一种延时继电器，当 S_1 闭合时，电磁铁 F 将衔铁 D 吸下，C 线路接通。当 S_1 断开时，由于电磁感应的作用，D 将延时一段时间才被释放，则（　　）。

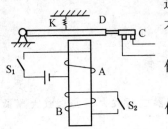

图 2-30　延时继电器

A. 由于 A 线圈的电磁感应作用，才产生延时释放 D 的作用

B. 由于 B 线圈的电磁感应作用，才产生延时释放 D 的作用

C. 如果断开 B 线圈的开关 S_2 无延时作用

D. 如果断开 B 线圈的开关 S_2 延时将变长

任务七　固定电话的工作原理

【问题探究】

据考，中国古代的商周时期，人们就知道利用烽火来远距离传递消息，大家最熟悉的就是"为博美人一笑，周幽王烽火戏诸侯"。但是，想要了解近代电信科技的发展，我们就得从固定电话说起。贝尔电话是怎样实现声音传递的，电话中的电与磁又有什么关系呢？

【任务目标】

掌握固定电话的基本功能和原理。

【相关知识】

电话通信的终端设备是电话机，它的最主要的功能是能将声音转换为电信号进行发送，再将接收的电信号转换为声音。

一、电话机的电路组成

电话机主要由振铃电路、拨号电路和通话电路三部分组成，如图 2-31 所示。

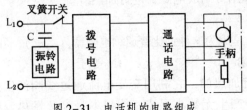

图 2-31　电话机的电路组成

二、电话机的工作状态

1. 挂机

电话机在未取下手柄时，外线的直流通路被切断，此时电话机供电环路直流电流为零，其接线端直流电压保持在 60 V 或 48 V。

2. 接收铃信号

交换机产生交流振铃信号自外线送入电话机，铃流信号耦合到振铃电路，并发出铃声。

3. 摘机

一旦提起话机手柄，叉簧开关触点闭合，形成直流通路，有几十毫安的直流电流通过电话机的拨号电路和通话电路。

4. 通话

在通话时，话流信号经过通话电路、拨号电路和叉簧开关，由电话外线传送给对方，对方的话流由外线送入，经过通话电路驱动受话器发声。

5. 拨码

拨动号盘时，拨号电路向外线发送拨码信号。

三、电话机通信的基本原理

当发送端的发话人在送话器前讲话时，声波作用在送话器的振动膜片上，使送话器电路产生相应的电流变化，这个随声波而变化的电流简称为话流。话流经交换机传送到对方的受话器中，受话器收到电信号就把它转换为声振动，经过空气的传播送入人耳。由上可知，电话通信是在发送端将声音变为电信号，经传输线送到接收端，接收端则将电信号还原为声音。

🔷 知识拓展

电话机整机电路常见故障

电话机在使用过程中经常会出现一些故障。现对电话机的整机电路常见的故障现象作一简介。

一、铃声异常

（1）电话机挂机时铃响不断。

（2）脉冲拨号时铃响。

（3）铃声小。

二、无振铃

（1）整流桥中任意一只二极管断路。

（2）当电话机出现无振铃故障时，要在振铃状态下按以下步骤检查：一是测量整流桥输入交流电压，二是测量振铃 IC 的直流电压。

三、铃响失真

（1）电话机响铃时，只响一下，接机后听到拨号音，不能通话。

（2）电话机响铃出现单音，即铃响出现连续的"嘟嘟嘟"声。

（3）铃声嘶哑是响铃失真故障。

四、摘机后电话不通

（1）电话机只能收铃，不能送、受话时。

（2）叉簧开关接触不良、引线脱焊或供电路故障。

五、按键拨号不正常

（1）键盘数码某一字键不能拨号。

（2）键盘某一行或某一列不能拨号。

（3）键盘某相邻的两行或两列字键不能拨号。

六、受话音小、发送音小

（1）受话音小，一般是受话器灵敏度降低所致。

（2）发送音小的故障，一般是送话器的灵敏度降低所致。

七、免提无送、受话

免提无送、受话一般发生在送话和受话的公用电路中，要着重检查电源供电路。

【习题】

一、填空题

1. 电话通信的终端设备是_____。

2. 电话机最主要的功能是能将声音转换为_____信号发送，并将此信号转换为声音。

3. 电话机主要由_____、_____和_____三部分组成。

二、选择题

1. 电话机在未取下手柄时，外线的直流通路被（　　）。

A. 切断　　　　　　B. 接通　　　　　　C. 时断时通　　　　D. 不确定

2. 电话机在未取下手柄时，电话机接线端直流电压保持在（　　）。

A. 12 V　　　　　　B. 24 V　　　　　　C. 36 V　　　　　　D. 60 V 或 48 V

3. 一旦提起话机手柄，叉簧开关触点闭合，形成（　　）通路。

A. 直流　　　　　　　　　　　　B. 交流

C. 时而直流时而交流　　　　　　D. 不确定

三、综合题

叙述电话机通信的基本原理。

项目三　照明电路配电板的安装——单相交流电的实验与研究

【项目描述】

在生产和生活中使用的电能，几乎都是交流电能，现在发电厂所发的都是交流电，工农业生产和日常生活中广泛应用的也是交流电。即使是电解、电镀、电信等行业需要直流供电，大多数也是将交流电能通过整流装置变成直流电能。

在日常生产和生活中所用的交流电，一般都是指正弦交流电。本项目主要介绍交流电的基本概念、单一参数的交流电路、交流电路的分析、功率因数的提高等内容，并通过项目技能训练——照明电路配电板的安装来巩固和检测读者对本项目知识的掌握情况。

【项目目标】

（1）理解交流电的基本概念；掌握单一参数的交流电路计算、交流电路的分析，了解功率因数的提高方法、原理和意义。

（2）学生在教师的指导下，掌握常用电工工具的使用和照明电路配电板的安装。

任务一　交流电的基本概念

【问题探究】

假如你毕业后是一名企业的电工，而且你是师傅，单位安排你带一名徒弟，需要你教他单相交流电的知识，你将如何进行？

假如你毕业后是一名企业的电工，该企业承担了某校新校区教室电路的连接，正好这个工作由你负责，你将如何进行接线？

【任务目标】

（1）掌握交流电的产生。

（2）掌握交流电的相关物理量、三要素及其表示方法。

【相关知识】

一、交流电的产生

1. 交流电的概念

如果电流或电压每经过一定时间（T）就重复变化一次，则此种电流、电压称为周期性交流电流或电压，如正弦波、方波、三角波、锯齿波等，记作：

$$u(t) = u(t + T)$$

正弦交流电路：如果在电路中电动势的大小与方向均随时间按正弦规律变化，由此产生的电流、电压大小和方向也是正弦的，这样的电路称为正弦交流电路。正弦交流电的优点是便于传输，便于运算，有利于电气设备的运行。

2. 交流电的产生

如图 3-1 所示。当线圈在匀强磁场中以角速度 ω 逆时针匀速转动时，线圈将产生感应电动势。设磁感应强度为 B，磁场中线圈的长度为 l，则当线圈旋转至与磁感线的夹角为 α 时，其单侧线圈所产生的感应电动势为

$$e = Blv\sin\alpha$$

即

$$e = Blv\sin\omega t$$

整个线圈所产生的感应电动势为

$$e = 2Blv\sin\omega t = E_m \sin\omega t$$

式中，$E_m = 2Blv$，为感应电动势的最大值。

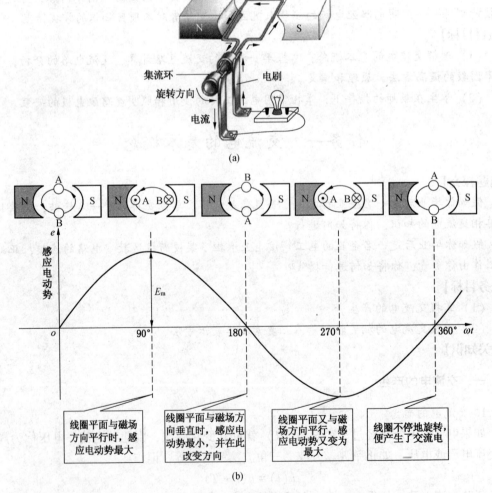

图 3-1 交流电的产生

二、交流电的相关物理量及其三要素

1. 正弦交流电的方向

正弦交流电也有正方向，一般按正半周的方向假设，如图 3-2 所示，实际方向和假设方向一致为正半周，实际方向和假设方向相反为负半周。

正弦交流电三要素：频率 f，幅值 I_m、U_m，初相角 φ。

2. 频率和周期

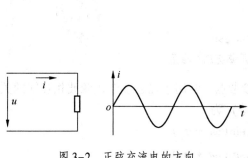

图 3-2　正弦交流电的方向

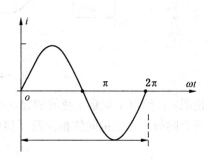

图 3-3　频率和周期

图 3-3 所示频率和周期的关系为

$$f = \frac{1}{T}$$

式中　T——正弦量变化一次所需的时间，s；

　　　f——每秒正弦量变化的次数，Hz。

中国大陆电力标准频率为 50 Hz，简称工频。

中国台湾、美国、日本、加拿大、巴西、哥伦比亚电力标准频率为 60 Hz。

角频率 ω 是指每秒正弦量转过的弧度，单位为 rad/s。一个周期的弧度为 2π。

$$\omega = 2\pi f = \frac{2\pi}{T}$$

3. 幅值和有效值

瞬时值——正弦量任意瞬间的值（用 i、u、e 表示）。

幅值——瞬时值之中的最大值（用 I_m、U_m、E_m 表示）。

瞬时值与幅值关系：$i = I_m \sin\omega t$。

有效值——交流电"i"的大小等效于直流电"I"的热效应。

$$\int_0^t i^2 R \mathrm{d}t = I^2 RT$$

$$I = \sqrt{\frac{1}{T} I_m^2 \frac{T}{2}} = \frac{I_m}{\sqrt{2}}$$

同理

$$U = \frac{U_m}{\sqrt{2}} \qquad E = \frac{E_m}{\sqrt{2}}$$

4. 初相角和相位差

$\omega t+\varphi$：正弦波的相位角或相位；

φ：$t=0$ 时的相位，称为初相位或初相角，如图 3-4 所示。

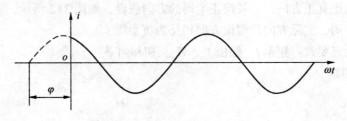

注：$\varphi>0$

图 3-4　正弦交流初相角

说明：φ 给出了观察正弦波的起点或参考点，常用于描述多个正弦波相互间的关系。

两个同频率正弦量间的相位差（初相差）为

$$\begin{cases} i_1 = I_{m1}\sin(\omega t + \varphi_1) \\ i_2 = I_{m2}\sin(\omega t + \varphi_2) \end{cases}$$

$$\varphi = (\omega t + \varphi_1) - (\omega t + \varphi_2) = \varphi_1 - \varphi_2$$

图 3-5 所示 φ 为电流 i_1、i_2 间的相位差。

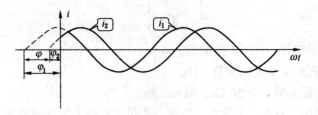

图 3-5　正弦交流电的相位差

同相位 $\varphi_1=\varphi_2$；反相位 $\Delta\varphi=\varphi_1-\varphi_2=\pi$；

相位领先 $\Delta\varphi=\varphi_1-\varphi_2>0$；相位滞后 $\Delta\varphi=\varphi_1-\varphi_2<0$。

5. 趋肤效应

在直流电路中均匀导线横截面上的电流密度是均匀的。但在交流电路中，随着频率的变化，在导线截面上的电流分布会不均匀，而且随着频率的增加，在导线截面上的电流分布越来越向导线表面集中，导线轴线和表面附近的电流密度差别越来越大，当频率高到一定时，电流就明显地集中到导线表面附近流动，这种现象称为趋肤效应。趋肤效应使导线的有效截面积减小，等效电阻增加。

三、正弦交流电的表示法

1. 波形图

波形图如图 3-6 所示。

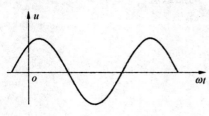

图 3-6　正弦交流电波形图

2. 瞬时表达式

$$u = U_m \sin(\omega t + \varphi)$$

3. 相量表示法

一个正弦量的瞬时值可以用一个旋转矢量在纵轴上的投影值来表示，如图3-7所示。相量的模 U = 正弦量的有效值，相量辐角 j = 正弦量的初相角。

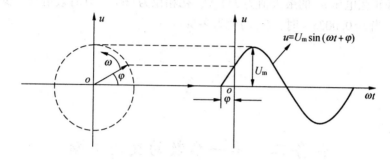

图3-7 正弦交流电相量表示法

知识拓展

正弦交流电复数的表示形式

1. 代数形式

如图3-8所示：

$$A = a(实) + jb(虚)$$

其中：$j = \sqrt{-1}$，表示虚数单位。

由图3-8可知：

$$a = r\cos\theta \qquad r = \sqrt{a^2 + b^2}$$
$$b = r\sin\theta \qquad \theta = \arctan b/a$$

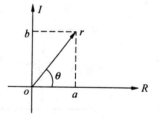

图3-8 交流电的复数表示

2. 三角形式

$$A = r\cos\theta + jr\sin\theta$$

【习题】

一、填空题

1. ＿＿＿＿和＿＿＿＿都随时间＿＿＿＿变化的电流叫作交流电。

2. 正弦交流电的最大值 U_m 与有效值 U 之间的关系为＿＿＿＿＿＿。

3. 正弦交流电的三要素是＿＿＿＿、＿＿＿＿、＿＿＿＿。

二、选择题

1. 交流电每秒钟变化的角度叫（　　）。

A. 频率   B. 角频率   C. 周期   D. 初相位

2. 在 $e = E_m \sin(\omega t + \varphi)$ 中，瞬时值为（　　）。

A. t B. j C. E_m D. e

3. 已知一交流电流，当 $t=0$ 时，$i_1=1$ A，初相位为 30°，则这个交流电的有效值为（ ）。

A. 0.5 A   B. 1.414 A   C. 1 A   D. 2 A

三、综合题

已知工频正弦电压 u_{ab} 的最大值为 311 V，初相位为 −60°，其有效值为多少？写出其瞬时值表达式；当 $t=0.0025$ s 时，U_{ab} 的值为多少？

任务二　单一参数的交流电路

【实验探究】

如图 3-9 所示的连接电路，调节调压器的输出电压，分别测出电阻（图 3-9a）、电感（图 3-9b）、电容（图 3-9c）两端的电压和流过电阻、电感、电容的电流，重复几次，记录测量结果，观察测量数据。当电阻、电感、电容均不变时，观察电流与电压之间的关系。

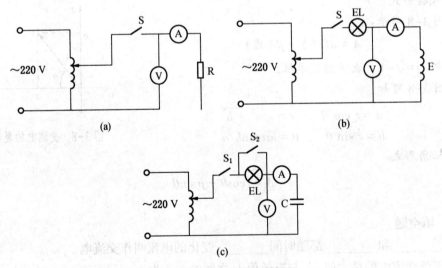

图 3-9　单一参数的交流电路

【任务目标】

（1）熟练掌握纯电阻电路、纯电感电路和纯电容电路中电流和电压的关系及功率。

（2）理解电阻、电感和电容在直流电路和交流电路中的作用。

（3）理解正弦交流电路中感抗、容抗、有功功率、无功功率、视在功率及功率因数。

【相关知识】

一、电阻电路

1. 电阻元件上的电压、电流关系

如图 3-10 所示，设电阻两端的电压为

$$u = \sqrt{2}\,U \sin\omega t$$

则

$$i = \frac{u}{R} = \frac{\sqrt{2}\,U}{R}\sin\omega t = I_\mathrm{m}\sin\omega t$$

相量表达式：

$$\dot{U} = U\angle 0° \qquad \dot{I} = \frac{U}{R}\angle 0° = I\angle 0°$$

相量图如图 3-11 所示。

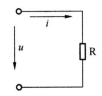

图 3-10　纯电阻电路图　　　　图 3-11　纯电阻电路相量图

电阻元件上的电压、电流关系可归纳为：

（1）频率相同；

（2）相位相同；

（3）有效值关系：

$$I = \frac{U}{R} \quad \text{或} \quad U = IR$$

（4）相量关系：

$$\dot{I} = \frac{\dot{U}}{R} = \frac{U\angle 0°}{R} = \frac{U}{R}\angle 0° = I\angle 0°$$

2. 电阻元件的功率

（1）瞬时功率 p。由于

$$i = \sqrt{2}\,I \sin(\omega t)$$

$$u = \sqrt{2}\,U \sin(\omega t)$$

则瞬时功率为

$$p = u \cdot i = U_\mathrm{m}\sin\omega t \cdot I_\mathrm{m}\sin\omega t = UI - UI\cos 2\omega t$$

p 随时间变化；$p \geqslant 0$，为耗能元件。

（2）平均功率（有功功率）P（一个周期内的平均值）。由于

$$p = ui = U_m\sin\omega t \cdot I_m\sin\omega t = UI - UI\cos2\omega t$$

可得
$$P = UI$$

二、电感电路

1. 电感元件上的电压、电流关系

如图 3-12 所示，设电感中的电流为

$$i = I_m\sin\omega t$$

则电感两端的电压为

$$u_L = L\frac{\mathrm{d}i}{\mathrm{d}t} = L\frac{\mathrm{d}(I_m\sin\omega t)}{\mathrm{d}t} = I_m\omega L\cos\omega t = U_{Lm}\sin(\omega t + 90°)$$

相量表达式：

$$\dot{I} = I\angle0°$$

$$\dot{U}_L = j\dot{I}\omega L = U_L\angle90°$$

相量图如图 3-13 所示。

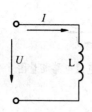

图 3-12　纯电感电路图

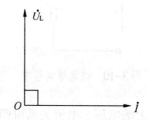

图 3-13　纯电感电路相量图

电感元件上 U 超前 I 90°电角。

电感元件上电压、电流的有效值关系为

$$U = \omega LI = IX_L$$

其中，$X_L = 2\pi fL$，称为电感元件的电抗，简称感抗。

感抗反映了电感元件对正弦交流电流的阻碍作用；感抗的单位与电阻相同，也是欧姆（Ω）。

直流电路的频率 $f=0$，所以 $X_L=0$。电感元件 L 相当于短路。

2. 电感元件的功率

（1）瞬时功率 p。由于

$$i = I_m\sin\omega t$$
$$u_L = U_{Lm}\cos\omega t$$

则

$$p = u_L \cdot i = U_{Lm}\cos\omega t \cdot I_m\sin\omega t = U_L I\sin2\omega t$$

电感元件上只有能量交换而不耗能，为储能元件。

（2）平均功率（有功功率）P。

$P=0$，电感元件不耗能。

（3）无功功率Q：

$$Q = U_L I = I^2 X_L = \frac{U^2}{X_L}$$

Q反映了电感元件与电源之间能量交换的规模。

三、电容电路

1. 电容元件上的电压、电流关系

如图3-14所示，设电容两端的电压：

$$u = U_m \sin\omega t$$

则流过电容的电流：

$$i_C = C\frac{\mathrm{d}u}{\mathrm{d}t} = C\frac{\mathrm{d}(U_m\sin\omega t)}{\mathrm{d}t} = U_m\omega C\cos\omega t = I_{Cm}\sin(\omega t + 90°)$$

相量表达式：

$$\dot{U} = U\angle 0°$$

$$\dot{I}_C = j\dot{U}\omega C = I_C\angle 90°$$

相量图如图3-15所示。

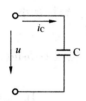
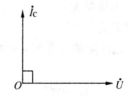

图3-14　纯电容电路图　　　　图3-15　纯电容电路相量图

电容元件上I超前U 90°电角。

电容元件上电压、电流的有效值关系为

$$I_C = U\omega C = U2\pi fC = U/X_C$$

其中，$X_C = \dfrac{1}{\omega C}$，称为电容元件的电抗，简称容抗。

直流电路的频率$f=0$，所以$X_C = \infty$。C相当于开路。

2. 电容元件的功率

（1）瞬时功率p。由于

$$u = U_m \sin\omega t$$

$$i_C = I_{cm}\cos\omega t$$

则

$$p = i_C u = I_{Cm}\cos\omega t\,U_m\sin\omega t = I_C U\sin 2\omega t$$

电容元件上只有能量交换而不耗能，为储能元件。

（2）平均功率（有功功率）P

$P=0$，则电容元件不耗能。

（3）无功功率 Q：

$$Q = UI_C = I_C{}^2 X_C = \frac{U^2}{X_C}$$

Q 反映了电容元件与电源之间能量交换的规模。

直流电路 C 相当于开路，高频时 C 相当于短路。

L 和 C 上的电压、电流相位正交，且具有对偶关系；L 和 C 都是储能元件；它们在电路中都是只进行能量交换而不消耗能量。

【习题】

一、填空题

1. 在纯电阻交流电路中，电压与电流的相位关系是_____。

2. 在纯电容交流电路中，电压与电流的相位关系是电压_____电流 90°。容抗 $X_C =$ _____，单位是_____。

3. 在纯电感正弦交流电路中，若电源频率提高一倍，而其他条件不变，则电路中的电流将变_____。

二、选择题

1. 正弦电路中的电容元件（　　　）。

A. 频率越高，容抗越大　　　　　　B. 频率越高，容抗越小

C. 容抗与频率无关　　　　　　　　D. 无法确定

2. 若电路中某元件两端的电压 $u = 10\sin(314t+450)\,\mathrm{V}$，电流 $i = 5\sin(314t+1350)\,\mathrm{A}$，则该元件是（　　　）。

A. 电阻　　　　　B. 电容　　　　　C. 电感　　　　　D. 无法确定

3. 在纯电感电路中，电流应为（　　　）。

A. $i = U/X_L$　　　B. $i = U/L$　　　C. $I = U/\omega L$　　　D. $I = UL$

三、综合题

总结单一参数交流电路中的基本关系。

任务三　交流电路的分析

【实验探究】

如图 3-16 所示，灯泡、电感线圈和电容组成一个 RLC 串联电路，观察开关 SA 闭合前后灯泡的亮度有无变化？观察电流表的读数有何变化？

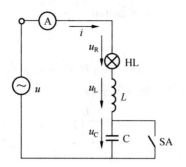

图 3-16 RLC 串联电路

【任务目标】

（1）会分析电阻、电感、电容的串联电路及谐振电路。

（2）会分析电阻、电感串联后与电容的并联电路及谐振电路。

【相关知识】

一、电阻、电感、电容的串联电路

1. RLC 串联的交流电路

由电阻、电感和电容串联组成的电路，称为 RLC 串联电路。RLC 串联电路如图 3-17 所示。

在图中，通过各元件的电流相同，电感的电压超前电流 90°，电容的电压滞后电流 90°，电阻的电压与电流同相位，以此可画出 RLC 串联电路电压与电流的相量图，如图 3-18 所示。

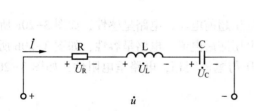

图 3-17 RLC 串联电路

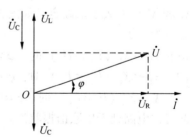

图 3-18 RLC 串联电路中电压与
电流的相量关系

RLC 串联电路电压与电流的相量图，如图 3-18 所示。假设 $X_L > X_C$，根据相量相加的平行四边形法则，可得到端电压 U 与各元件电压 U_R、U_L、U_C 的数量关系为

$$U = \sqrt{U_R^2 + (U_L - U_C)^2}$$

端电压和电流间的相位差，即阻抗角为

$$\varphi = \arctan \frac{U_L - U_C}{U_R}$$

由上式可得

$$U = \sqrt{U_R^2 + (U_L - U_C)^2} = \sqrt{(IR)^2 + [I(X_L - X_C)]^2} = I\sqrt{R^2 + (X_L - X_C)^2}$$

即 RLC 串联电路的电压与电流数量关系为

$$I = \frac{U}{|Z|}$$

式中　$|Z|$——阻抗模，其大小为

$$|Z| = \sqrt{R^2 + (X_L - X_C)^2}$$

为了便于记忆，可以把 RLC 串联电路中的电压关系、阻抗关系分别用直角三角形来描绘，称之为电压三角形和阻抗三角形，如图 3-19 所示。其中 $X = X_L - X_C$，叫做电抗，阻抗角。

$$\varphi = \arctan \frac{U_L - U_C}{U_R}$$

图 3-19　电压三角形和阻抗三角形

在 RLC 串联电路中，各元件中电流都是相等的，电阻端电压和电流同相位，电感端电压超前电流 90°，电容端电压滞后电流 90°，总电压和电流间的相位关系就由 U_L 和 U_C（即 X_L 和 X_C）的大小来确定，如图 3-20 所示。我们根据 $\varphi = \arctan (U_L - U_C)/U_R$ 将电路的性质分为三类：

（1）$X_L > X_C$（$U_L > U_C$）时，$\varphi > 0$，电压超前电流，电路呈感性，如图 3-20a 所示。

（2）$X_L < X_C$（$U_L < U_C$）时，$\varphi < 0$，电压滞后电流，电路呈容性，如图 3-20b 所示。

（3）$X_L = X_C$（$U_L = U_C$）时，$\varphi = 0$，电压与电流同相，电路呈电阻性，如图 3-20c 所示，此时，电路处于串联谐振状态。

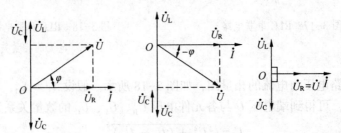

图 3-20　RLC 串联电路的矢量图

2. RLC 串联电路的功率

1）有功功率

在 RLC 串联电路中，电阻的功率为

$$P_R = U_R I = UI\cos\varphi$$

2）无功功率

在 RLC 串联电路中，电感、电容的有功功率为零，它们是储能元件，在储能过程中，电感与电容之间、电感、电容与电源之间不断地进行能量交换。电感、电容元件在电路中还起着改善电路的功率因数、改变电路性能的作用。电感、电容共同存在时的无功功率为

$$Q = |U_L - U_C|I = UI\sin\varphi$$

3）视在功率与功率因数

在 RLC 串联电路中，视在功率为

$$S = UI$$

视在功率等于电压与电流乘积。就电源而言，它反映了电源的容量；就无源两端网络而言，它反映了网络占用电源容量的多少。视在功率的单位为伏·安（V·A），辅助单位为千伏·安（kV·A）。

4）RLC 串联电路的功率因数

交流电路的功率因数为

$$\cos\varphi = \frac{P}{S}$$

功率因数反映的是电路中的有功功率与视在功率之比。就电源而言，功率因数越高，电能转变其他形式的能量比例就越大。

二、电阻、电感串联后与电容的并联电路

1. RLC 并联电路

如图 3-21 所示，电阻、电感和电容并联即构成了 RLC 并联电路。

在图 3-21 的 RLC 并联电路中，加在各元件两端的电压相同，电感上的电流滞后电压 90°，电容上的电流超前电压 90°，电阻的电流与电压同相位。以电压为参考相量，即 $u = \sqrt{2}U\sin\omega t$，可画出电压与电流的相量图，如图 3-22 所示。

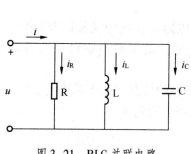

图 3-21 RLC 并联电路

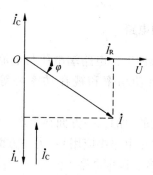

图 3-22 RLC 并联电路电压与电流的相量关系

假设 $X_L < X_C$，根据相量相加的平行四边形法则，可得到总电流 I 与各元件电流 I_R、I_L、I_C 的数量关系为

$$I = \sqrt{I_R^2 + (I_L - I_C)^2}$$

端电压和电流间的相位差，即阻抗角为

$$\varphi = \arctan \frac{I_L - I_C}{I_R}$$

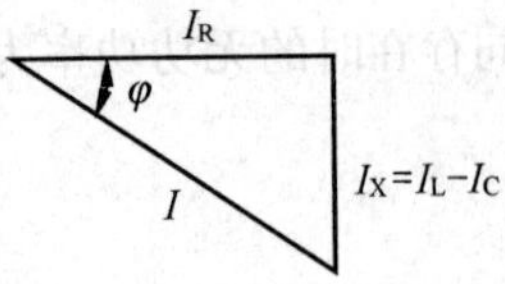

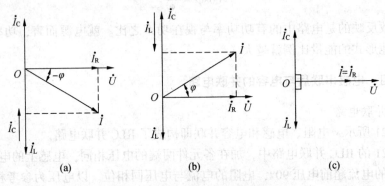

为便于记忆各元件电流和总电流间的大小关系，可用一个直角三角形来表示，该三角形称为电流三角形，如图 3-23 所示。

图 3-23　电流三角形

2. RLC 并联电路的性质

RLC 并联电路中，各元件的端电压都是相同的，电阻元件的电流和电压同相位，电感元件的电流滞后电压 90°，电容元件的电流超前电压 90°（电感的电流和电容的电流反相），因此，端电压和总电流的相位关系由 I_L 和 I_C（X_L 和 X_C）的大小确定。据此可将电路分为三类：

（1）$X_L < X_C$ 时，$\varphi > 0$，电压超前电流，电路呈感性，如图 3-24a 所示。

（2）$X_L > X_C$ 时，$\varphi < 0$，电压滞后电流，电路呈容性，如图 3-24b 所示。

（3）$X_L = X_C$ 时，$\varphi = 0$，电压和电流同相位，电路呈电阻性，如图 3-24c 所示。此时，电路处于并联谐振状态。

图 3-24　RLC 并联电路的矢量图

三、谐振电路

在某些条件下，电路端电压与电流同相，电路呈电阻性，这种现象称为谐振。谐振时电路中的有功功率和视在功率相等，无功功率为零。谐振有串联谐振与并联谐振之分。

研究谐振的目的，一方面在生产上可以充分利用谐振的特点（如在无线电工程、电子测量技术等许多电路中应用）；另一方面又要预防它所产生的危害。

1. RLC 串联谐振电路

1）串联谐振的条件及频率

由定义可知，谐振时，电流与电压同向，即

$$\varphi = \arctan \frac{U_L - U_C}{U_R} = 0$$

谐振条件：

$$X_L = X_C \quad \text{或} \quad \omega_0 L = \frac{1}{\omega_0 C}$$

谐振频率：由谐振条件可知谐振频率 $\omega_0 = \frac{1}{\sqrt{LC}}$。

电路发生谐振的方法：电源频率 f 一定，调节参数 L、C 使 $f_0 = f$；电路参数 LC 一定，调节电源频率 f，使 $f = f_0$。

2）串联谐振的特点

串联谐振时，$X_L = X_C$，所以谐振时电路的阻抗 $|Z| = \sqrt{R^2 + (X_L - X_C)^2}$ 为电阻性，其值最小。

因阻抗值最小，所以在电压一定时，电路中的谐振电流最大，用 I_0 表示，即 $I_0 = \frac{U}{Z} = \frac{U}{R}$。

电路呈电阻性，能量全部被电阻消耗，Q_L 和 Q_C 相互补偿。即电源与电路之间不发生能量互换。

谐振时电阻端电压 $U_R = I_0 R = U$，而电感和电容的端电压大小相等，相位相反，且 $U_C = QU$，$Q = \frac{U_L}{U} = \frac{U_C}{U} = \frac{\omega_0 L}{R} = \frac{1}{\omega_0 RC}$，其中 Q 为电路的品质因数，即电路中电感或电容的无功功率和电阻有功功率的比值。因为串联谐振时电感和电容的端电压大小相等，并且等于总电压的 Q 倍，因此串联谐振又叫电压谐振。

3）串联谐振电路的应用

由于串联谐振时电容的端电压是总电压的 Q 倍，因此，可以通过改变电容的大小，使电路的固有频率和信号源的频率相同，以便在不同频率的信号中选择出该频率的信号。收音机就是根据这一原理而工作的。它通过改变电容来调节谐振频率，从而收听到不同的电台信号。

2. RLC 并联谐振电路

1）谐振条件及频率

由

$$Z \approx \frac{j\omega L}{1 - \omega^2 LC + j\omega RC} = \frac{1}{\frac{RC}{L} + j\left(\omega C - \frac{1}{\omega L}\right)}$$

可得出谐振条件：

$$\omega_0 C - \frac{1}{\omega_0 L} \approx 0$$

由上式可得谐振频率：

$$f = f_0 \approx \frac{1}{2\pi\sqrt{LC}}$$

2）并联谐振的特点

并联谐振时，$X_L = X_C$，所以谐振时电路的复阻抗 $Z = R$，为电阻性，其值最大。

谐振时，因阻抗值最大，所以电流 $L_0 = \dfrac{U}{Z} = \dfrac{U}{R}$ 最小。

谐振时，电阻中电流 $I_L = I_C = I_0$，而电容和电感中的电流大小相等，相位相反，并且等于总电流的 Q 倍，因此并联谐振也叫电流谐振。

谐振时，电路的无功功率为零，电源只提供能量给电阻元件消耗，而电路内部电感元件的磁场能与电容元件的电场能正好完全相互转换。

知识拓展

电压三角形、阻抗三角形、功率三角形

1. 电压三角形

如图 3-25 所示，由电压三角形可得：

$$U_R = U\cos\varphi$$
$$U_X = U\sin\varphi$$
$$U = \sqrt{U_R^2 + (U_L - U_C)^2} = I\sqrt{R^2 + (X_L - X_C)^2} = I\sqrt{R^2 + X^2} = I\,|Z|$$

2. 阻抗三角形

如图 3-26 所示，由阻抗三角形可得：

$$R = |Z|\cos\varphi \qquad X = |Z|\sin\varphi$$
$$|Z| = \sqrt{R^2 + (X_L - X_C)^2}$$
$$\varphi = \arctan\frac{X_L - X_C}{R}$$

3. 功率三角形

由阻抗三角形，可得功率三角形，如图 3-27 所示。

$$P = S\cos\varphi$$
$$Q = S\sin\varphi$$
$$S = \sqrt{P^2 + Q^2}$$
$$Q = P\tan\varphi$$

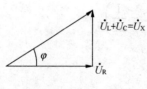

图 3-25　电压三角形

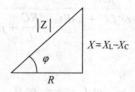

图 3-26　阻抗三角形

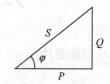

图 3-27　功率三角形

【习题】

一、填空题

1. 在 RLC 串联电路中，当 $X_L > X_C$ 时，电路呈_____性；当 $X_L < X_C$ 时，电路呈_____性；当 $X_L = X_C$ 时，电路呈_____性。

2. 串联谐振的条件是_____。

3. 电路端电压与电流_____，电路呈_____，这种现象称为谐振。

二、选择题

1. 图 3-28 所示为 RLC 串联电路的矢量图，由矢量图可知，该电路的性质是（　　）。

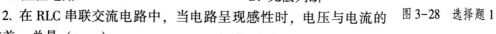

A. 感性电路　　　　　　　　B. 容性电路

C. 阻性电路　　　　　　　　D. 无法判断

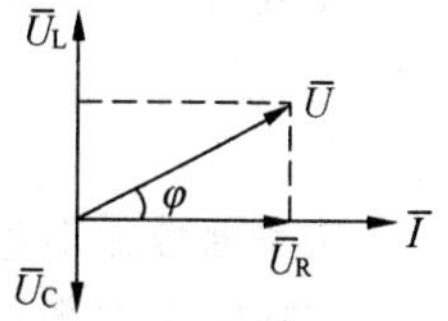

图 3-28　选择题 1

2. 在 RLC 串联交流电路中，当电路呈现感性时，电压与电流的相位差 φ 总是（　　）。

A. 大于 0　　　B. 等于 0　　　C. 小于 0　　　D. 不一定

3. RLC 串联电路发生谐振时，阻抗最小，电流最大，所以串联谐振又称为（　　）。

A. 电流谐振　　　B. 电压谐振　　　C. 电阻谐振　　　D. 参数谐振

三、综合题

串联谐振必须满足什么条件？有何特点？

任务四　功率因数的提高

【问题探究】

在日常生活中，荧光灯作为必不可少的照明灯具，其结构主要包括荧光灯管、镇流器和启辉器等。当接通电源后，启动器内发生辉光放电，将灯丝预热使它发射电子，启动器接通后辉光放电停止，这时镇流器感应出高电压加在灯管两端使荧光灯管放电，灯管发出可见光，荧光灯就开始正常工作。但是在荧光灯刚开始工作时，其功率因数是比较低的。请大家讨论下改善功率因数的方法和意义。

【任务目标】

（1）了解功率因数提高的意义。

（2）掌握功率因数提高的方法。

【相关知识】

实际生产和生活中，大多数电气设备和用电器都是感性的，因此要从电源吸取一定的无功功率，造成线路功率因数较低的现象。功率因数低不仅造成电力能源的浪费，还能增加线路上的功率损耗。为了避免此类现象造成的影响，电力系统要设法提高线路的功率因数。

一、提高功率因数的意义

1. 功率因数

在交流电路中，电压与电流之间的相位差（φ）的余弦叫作功率因数，用符号 $\cos\varphi$ 表示。

在数值上，功率因数是有功功率和视在功率的比值，即

$$\cos\varphi = \frac{R}{S}$$

功率因数是对电源利用程度的衡量。

实际中大多数负载都是感性负载，功率因数总是小于 1。此时电路中发生能量互换，出现无功功率：

$$Q = UI\sin\varphi$$

这样引起两个问题：

（1）电源设备的容量不能充分利用，电源发出的有功功率为

$$P = UI\cos\varphi = S\cos\varphi$$

需要提高 $\cos\varphi$ 使电源设备的容量得以充分利用。

（2）增加输电线路的功率损耗。当负载电压和有功功率一定时，即

$$I = \frac{P}{U\cos\varphi}$$

电路的电流与功率因数成反比。

因为线路有电阻，通过线路的电流 I 越大，线路损失的功率就越大，所以提高 $\cos\varphi$ 可减小线路上的功率损失。

2. 提高功率因数的意义

（1）充分利用电源设备的容量。

（2）减小输电线路上的功率损耗。

二、提高功率因数的方法

1. 合理选择用电设备及其运行方式

合理选择变压器和电动机容量，减少无功功率消耗，调整负荷，提高设备的利用率，减少空载、轻载运行的设备。

2. 采用电力电容器补偿无功

方法：在感性负载的两端并联电容器。

可用电容器的无功功率来补偿感性负载的无功功率，从而减少甚至消除感性负载与电源之间原有的能量交换。

知识拓展

电力电容器补偿原理

电力系统中，电动机及其他有线圈的设备用得很多。这类设备除从线路中取得一部分电流做功外，还要从线路上消耗一部分不做功的电感电流，这就使得线路上的电流要额外地加大一些。前面讲到的功率因数 $\cos\varphi$ 就是用来衡量这一部分不做功的电流的。

当电感电流为零时，功率因数等于1；当电感电流所占比例逐渐增大时，功率因数逐渐下降。显然，功率因数越低，线路额外负担越大，发电机、电力变压器及配电装置的额外负担也较大。这除了降低线路及电力设备的利用率外，还会增加线路上的功率损耗、增大电压损失、降低供电质量。

提高功率因数最方便的方法是并联电容器，产生电容电流抵消电感电流，将不做功的所谓无功电流减小到一定的范围以内。

如图 3-29 所示，补偿前线路上的感性无功电流为 I_L、线路上的总电流为 I_0，并联电容器后，产生一电容电流 I_C 抵消部分感性电流，使得线路上的感性无功电流减小为 I_L、线路上的总电流减小为 I。

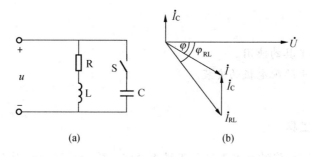

图 3-29　电力电容器补偿原理

需要补偿的无功功率为

$$Q = P(\tan\varphi_{RL} - \tan\varphi)$$

式中　　　　P——有功功率，kW；

　　$\tan\varphi_{RL}$——补偿前功率因数角的正切值；

　　$\tan\varphi$——补偿后功率因数角的正切值。

【习题】

一、填空题

1. 功率因数是_____功率和_____功率的比值。

2. 实际中大多数负载都是_____负载，功率因数总是_____1。

3. 无功功率补偿最常见的方法是_____。

二、选择题

1. 在纯电阻交流电路中，功率因数 $\cos\varphi = ($ 　　 $)$。

A. 0　　　　　　　　B. 1　　　　　　　　C. −1　　　　　　　　D. 不确定

2. 在纯电感交流电路中, 功率因数 $\cos\varphi = ($ $)$。

A. 0   B. 1   C. –1   D. 不确定

3. 提高功率因数最简单的方法 (   )。

A. 串联电阻   B. 并联电容器   C. 并联电感   D. 并联电阻

三、综合题

提高功率因数的方法有哪些?

任务五　照明电路配电板的安装

【问题探究】

家里装修要对家庭电气线路进行接线, 为了安全和方便用电, 需要安装配电盘, 请大家帮忙设计安装一个配电盘。作为一名电工, 如何正确使用电工工具? 如何进行照明电路配电板的安装?

【任务目标】

(1) 常用电工工具的使用。

(2) 掌握照明电路配电板的安装。

【相关知识】

一、常用电工工具

电工工具是电工操作的基本工具。工具不合格、质量不好或使用不当, 都会影响施工质量、降低工作效率, 甚至造成事故。因此电工操作人员必须掌握电工常用工具的结构、性能和正确的使用方法。

1. 测电笔

测电笔是用来测试导线、开关、插座等电器及电气设备是否带电的工具, 常用的测电笔有旋具式和钢笔式两种, 其结构如图 3-30 所示。测电笔主要由氖管、电阻、弹簧和笔身组成。

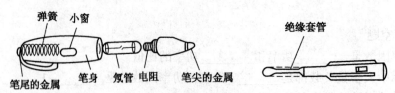

图 3-30　测电笔的结构

使用时, 注意手指必须接触金属体 (钢笔式) 或测电笔顶部的金属螺钉 (旋具式),

使电流由被测带电体经测电笔和人体与大地构成回路，正确握法如图3-31所示。

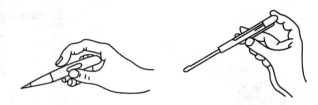

图3-31 测电笔的正确握法

2. 钢丝钳

钢丝钳是用于夹持或弯折薄片形、圆柱形金属零件及切断金属丝的工具，其旁刃口也可用于切断细金属丝。钳头上的钳口用来弯铰或钳夹导线线头，齿口用来旋转螺母，刀口用来剪切导线或剖切软导线绝缘层，铡口用来铡切较硬的线材。钢丝钳的构造及应用如图3-32所示。

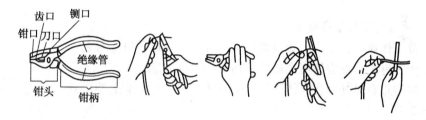

图3-32 钢丝钳的构造及应用

3. 尖嘴钳与斜口钳

尖嘴钳通常工作在较狭小的地方，如灯座、开关内的线头固定等。它主要由钳头、钳柄和绝缘管等组成。尖嘴钳使用时不能当作敲打工具。电工中经常用到头部偏斜的斜口钳，又名断线钳，专门用于剪断较粗的导线和其他金属丝，其柄部为绝缘柄，如图3-33所示。

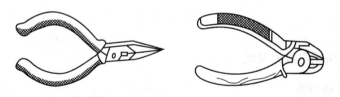

图3-33 尖嘴钳和斜口钳

4. 剥线钳

剥线钳是用来剥削小直径导线线头绝缘层的工具，如图3-34所示，剥线钳主要由钳头和钳柄组成，剥线钳使用时注意要根据不同的线径选择剥线钳不同的刀口，否则容易造成线芯剪断。

5. 螺丝刀

螺丝刀（又称改锥）是常用的旋具，如图3-35所示。主要用来紧固或拆卸螺钉，一般分为一字形和十字形两种。

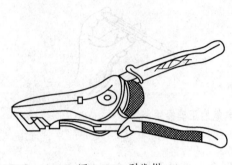

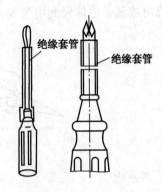

绝缘套管

绝缘套管

图 3-34　剥线钳　　　　　　　　　图 3-35　螺丝刀

1）螺丝刀的使用

根据规格标准，顺时针方向旋转为嵌紧；逆时针方向旋转则为松出。极少数情况下则相反。

2）螺丝刀使用的注意事项

（1）带电作业时，手不可触及螺丝刀的金属杆，以免发生触电。

（2）作为电工，不应使用金属杆直通握柄顶部的螺丝刀。

（3）为防止金属杆触及人体或邻近带电体，金属杆应套上绝缘管。

6. 电工刀

电工刀是用来剖削电工材料绝缘层的工具，如剖削导线、电缆等，如图 3-36 所示。电工刀主要由刀身和刀柄组成，使用时注意刀口应朝外操作，在削割电线时，刀口要放平一点，以免割伤线芯，使用后要及时把刀身折入刀柄内，以免刀刃受损或伤及人身。

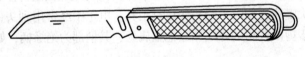

图 3-36　电工刀

二、照明电路配电板的安装

1. 照明线路的组成

照明线路一般由电源、导线、开关和照明灯组成。在采用三相四线制供电的系统中，每一根相线和中线之间都构成一个单相电源，在负载分配时要尽量使三相负载对称。

选择照明电路所使用连接导线的线径时，要注意其允许载流量，要以允许电流密度作为选择依据。在明敷线路中，铝导线可取 $4.5A/mm^2$，铜导线可取 $6A/mm^2$，软电线可取 $5A/mm^2$，电流的计算可根据下列公式进行：

$$I = \frac{P}{U\cos\alpha}$$

2. 照明线路的控制方式

按开关的种类不同，照明灯的控制常有下列两种基本形式。

（1）用一只单联开关控制一盏灯，接线时，开关应接在相线上，这样在开关切断后灯头就不会带电，以保证使用和维修的安全，如图3-37a所示。

（2）用两只双联开关在两个地方控制一盏灯，如图3-37b所示。

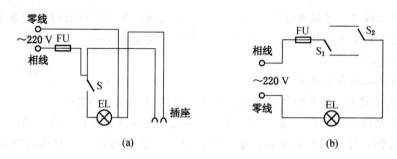

图3-37 照明线路两种基本控制方式

3. 实训内容与步骤

（1）安装圆木。

（2）安装挂线盒。

（3）安装灯头。

（4）安装开关。

（5）安装插座。

（6）配线。

接线口诀：脚—启—并，脚—镇—串，相线进开关。

4. 安装试验表（表3-1）

表3-1 安 装 试 验 表

器材	接线盒	电木	主导线	拉线开关	双孔插座	灯头安装高度	开关安装高度	熔断器	灯泡功率、电压
数量或参数									
安装步骤									
安装接线图									

5. 故障检测与排除

（1）检测安装好的电路，分析可能存在的故障（教师对学生安装过程中的典型故障组织学生分析、讨论、维修）。

（2）故障现象的检修。

6. 注意事项

（1）安装电路之前要检查元器件好坏，并养成习惯。

（2）安装电路之前要设计好各元器件的位置。

（3）安装时导线要横平竖直，走线规范。

（4）测电笔与万用表配合使用检测电路（在教师的指导下检修）。

白炽灯常见故障现象有灯泡不亮、灯光闪烁、接通电路后熔丝立即熔断、发光暗红、发光强烈等几种。

知识拓展

导 线 的 连 接

电气维修工程中，导线的连接是电工基本工艺之一。导线连接的质量关系着线路和设备运行的可靠性和安全程度。因此，接头的制作是电气安装中一道非常重要的工序，必须按照标准和规程操作。

一、导线连接的基本要求

（1）机械强度高：接头的机械强度应不小于导线机械强度的 80%。

（2）接头电阻小且稳定：接头的电阻值应不大于相同长度导线的电阻值。

（3）耐腐蚀：对于铝和铝连接，如采用熔焊法，主要防止残余熔剂或熔渣的化学腐蚀；对于铝和铜的连接，主要防止电化学腐蚀。在连接前后，要采取措施避免此类腐蚀的存在。

（4）绝缘性能好：接头的绝缘强度应与导线的绝缘强度一样。

二、导线的连接

常用的导线按芯线股数不同，有单股、七股和 19 股等多种规格，其连接方法也各不相同，这里主要介绍单股铜芯导线的连接方法。

1. 铰接法

铰接法是先将已剖除绝缘层并去掉氧化层的两根线头呈"×"形相交，如图 3-38a 所示；并互相绞合 2~3 圈，如图 3-38b 所示；接着扳直两个线头的自由端，将每根线的自由端在对边的线芯上紧密缠绕至线芯直径的 6~8 倍长，如图 3-38c 所示，再将多余的线头剪去，修理好切口毛刺即可。主要用于截面积较小的导线。

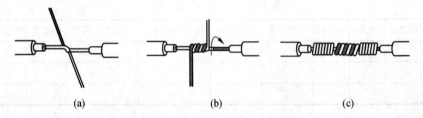

(a)   (b)   (c)

图 3-38 单股铜芯导线铰接法的连接

2. 缠绕法

缠绕法是将已去除绝缘层和氧化层的线头相对交叠，再用直径为 1.6 mm 的裸铜线做缠绕线在其上进行缠绕，如图 3-39 所示。其中线头直径在 5 mm 及以下的缠绕长度为 60 mm，直径大于 5 mm 的缠绕长度为 90 mm。主要用于截面积较大的导线。

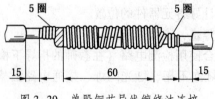

图 3-39 单股铜芯导线缠绕法连接

【习题】

一、填空题

1. 常用的测电笔有_____和_____两种。

2. 尖嘴钳主要由_____、_____和_____等组成。

3. 照明线路一般由_____、_____、_____和_____组成。

二、选择题

1. 测电笔主要由（　　）组成。

A. 氖管、电阻、弹簧和笔身　　　　　B. 氖管、电感、弹簧和笔身

C. 氖管、电容、弹簧和笔身　　　　　D. 氖管、电抗、弹簧和笔身

2. 导线连接时接头的机械强度应不小于导线机械强度的（　　）%。

A. 60　　　　　　　B. 70　　　　　　C. 80　　　　　　D. 90

3. 钳头上的钳口用来（　　）。

A. 弯铰或钳夹导线线头　　　　　B. 用来旋转螺母

C. 剪切导线或剖切软导线的绝缘层　　D. 铡切较硬的线材

三、综合题

简述照明电路配电板的安装注意事项。

项目四 认知和使用电能——三相交流电路

【项目描述】

现代电力工程主要采用三相四线制。三相交流供电系统在发电、输电和配电方面都具有很多优点，因此在生产和生活中得到了极其广泛的应用。

本项目主要介绍三相交流电源、三相交流电路负载的连接、三相交流电路的功率、电度表的安装与使用等内容，并通过项目技能训练——电度表的安装和使用来巩固和检测读者对本项目知识的掌握情况。

【项目目标】

（1）理解三相正弦交流电的产生、连接方法和功率。

（2）掌握简单的三相交流电路的计算。

（3）学生在教师的指导下，认知并掌握电度表的安装与使用。

任务一 三相交流电源

【实验探究】

三相交流电相序的判别

按图 4-1 连接电路。如果条件允许可以使用三相自耦变压器先降低电源电压，给下面的电路通电。仔细检查电路，确保接线正确，所选电容器的耐压必须达到 500 V 以上。使用万用表检查电源电压是否正常。

如果电路接成电容式的电路，通过计算使电容的容抗或电感的感抗与灯泡的电阻大致相当。若假定接电容的一相为 A 相，那么灯泡亮的一相是哪一相，暗的一相是哪一相？

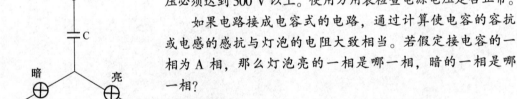

图 4-1 三相交流电相序的判别

【任务目标】

（1）理解三相交流电动势的产生原理。

（2）掌握三相电源的星形连接和三角形连接及其特点。

【相关知识】

一、三相交流电动势的产生

1. 三相交流电动势的产生

三相交流电源是由三相交流发电机产生的。如图 4-2 所示，三相交流发电机主要由定子、转子及机座组成。定子绕组由三相对称绕组 U_1—U_2、V_1—V_2、W_1—W_2 嵌在定子铁芯中，当转子匀速转动时就可以产生对称的三相交流电，它们的幅值相等、频率相同、相位依次相差120°。

2. 三相交流电动势表达方式

1）解析式

由于三相交流电的幅值相等、频率相同、相位依次相差120°，所以三相交流电的解析式可表示为

$$e_U = E_m\sin\omega t$$

$$e_V = E_m\sin(\omega t - 120°)$$

$$e_W = E_m\sin(\omega t - 240°) = E_m\sin(\omega t + 120°)$$

2）三相电动势的相量图及波形图

三相电动势的相量图及波形如图4-3所示。

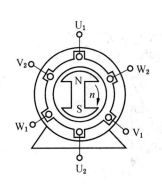

图4-2　简单的三相交流发电机结构

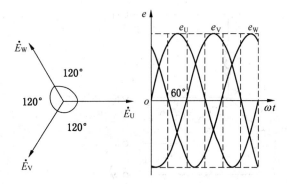

图4-3　三相电动势的相量图及波形图

3）相量表达式

根据正弦交流电相量表达式的规定，其三相交流电的相量表达方式为

$$\dot E_U = E\angle 0°$$

$$\dot E_V = E\angle -120°$$

$$\dot E_W = E\angle 120°$$

$$\dot E_U + \dot E_V + \dot E_W = 0$$

3. 相序

相序——三相交流电动势或电流最大值或零出现的次序。三相电动势的相序为 U、V、W，称为正序；若相序为 U、W、V，称为负序或逆序。工程上常采用前一种。

二、三相电源的星形连接

1. 三相电源的星形连接

如图4-4所示，把发电机三相绕组的尾端 U₂、V₂、W₂ 连于一点 N，从首端 U₁、V₁、W₁ 输出，就构成了三相电源的星形连接。N 点叫中性点，由中性点引出的电源线叫零线，

也记作 N；由 U_1、V_1、W_1 引出的电源线叫相线，记作 U、V、W。星形连接用符号"Y"表示。有零线的星形连接也叫作三相四线制连接。

2. 线电压和相电压间的关系

在星形连接的电路中，相线与零线之间的电压叫线电压，相线与相线之间的电压叫线电压。相电压用 u_U、u_V、u_W 表示，线电压用 u_{UV}、u_{VW}、u_{WU} 表示，线电压与相电压的关系为

$$\dot{U}_{UV} = \dot{U}_U - \dot{U}_V$$

$$\dot{U}_{VW} = \dot{U}_V - \dot{U}_W$$

$$\dot{U}_{WU} = \dot{U}_W - \dot{U}_U$$

三相电源星形连接各电压相量的关系如图4-5所示。

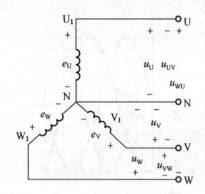

图4-4 三相电源的星形连接

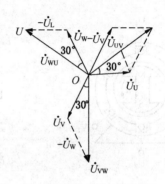

图4-5 星形连接时线电压与相电压的关系

$$\dot{U}_{UV} = \dot{U}_U - \dot{U}_V = \dot{U}_U + (-\dot{U}_V)$$

$$\dot{U}_{UV} = \sqrt{3}\,\dot{U}_U \angle 30°$$

同理

$$\dot{U}_{VW} = \dot{U}_V - \dot{U}_W = \sqrt{3}\,\dot{U}_V \angle 30°$$

$$\dot{U}_{WU} = \dot{U}_W - \dot{U}_U = \sqrt{3}\,\dot{U}_W \angle 30°$$

线电压与相电压的通用关系表达式：

$$\dot{U}_l = \sqrt{3}\,\dot{U}_p \angle 30°$$

式中　$\dot{U}_l$——线电压；

　　　$\dot{U}_p$——相电压。

三、三相电源的三角形连接

1. 三相电源的三角形连接

如图4-6所示，将三相发电机的第二绕组始端 V_1 与第一绕组的末端 U_2 相连、第三绕

组始端 W_1 与第二绕组的末端 V_2 相连、第一绕组始端 U_1 与第三绕组的末端 W_2 相连，并从三个始端 U_1、V_1、W_1 引出三根导线分别与负载相连，这种连接方法叫作三角形（△形）连接。

2. 线电压和相电压间的关系

如图4-7所示，在三角形连接的电路中，线电压等于相电压，即

$$\dot{U}_{UV} = \dot{U}_U$$
$$\dot{U}_{VW} = \dot{U}_V$$
$$\dot{U}_{WU} = \dot{U}_W$$

线电压与相电压的通用关系表达式：

$$\dot{U}_l = \dot{U}_p$$

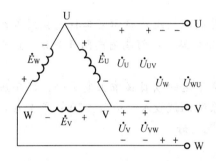
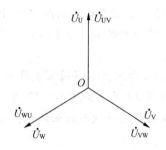

图4-6　三相电源的三角形连接　　　图4-7　三角形连接时线电压与相电压的关系

这种没有中线、只有三根相线的输电方式叫作三相三线制。

特别需要注意的是，在工业用电系统中如果只引出 3 根导线（三相三线制），那么都是火线（没有中线），这时所说的三相电压大小均指线电压 U_l，而民用电源则需要引出中线，所说的电压大小均指相电压 U_p。

 知识拓展

我国电网的发展历程

1949 年前，电力工业发展缓慢，输电电压按具体工程决定，电压等级繁多：

1908 年建成 22 kV 石龙坝水电站至昆明线路；

1921 年建成 33 kV 石景山电厂至北京城的线路；

1933 年建成抚顺电厂的 44 kV 出线；

1934 年建成 66 kV 延边至老头沟线路；

1935 年建成抚顺电厂至鞍山的 154 kV 线路；

1943 年建成 110 kV 镜泊湖水电厂至延边线路。

1949 年新中国成立后，按电网发展统一电压等级，逐渐形成经济合理的电压等级系列：

1952 年，用自主技术建设了 110 kV 输电线路，逐渐形成京津唐 110 kV 输电网。

1954 年，建成丰满至李石寨 220 kV 输电线路，随后继续建设辽宁电厂至李石寨，阜新电厂至青堆子等 220 kV 线路，迅速形成东北电网 220 kV 骨干网架。

1972 年建成 330 kV 刘家峡—关中输电线路，全长 534 km，随后逐渐形成西北电网 330 kV 骨干网架。

1981 年建成 500 kV 姚孟—武昌输电线路，全长 595 km。为适应葛洲坝水电厂送出工程的需要，1983 年又建成葛洲坝—武昌和葛洲坝—双河两回 500 kV 线路，开始形成华中电网 500kV 骨干网架。

1989 年建成 ±500 kV 葛洲坝—上海高压直流输电线，实现了华中—华东两大区的直流联网。

2005 年 9 月，在西北地区（青海官厅—兰州东）建成了一条 750 kV 输电线路，长度为 140.7 km。输变电设备，除 GIS 外，全部为国产。

2008 年 12 月，晋东南—南阳—荆门 1000 kV 特高压交流试验示范工程是我国首条跨区域特高压交流输电线路，始于山西省长治晋东南变电站，经河南省南阳开关站，止于湖北荆门变电站。

工程于 2006 年 8 月取得国家发展和改革委员会下达的项目核准批复文件，同年底开工建设，2008 年 12 月全面竣工，12 月 30 日完成系统调试投入试运行，2009 年 1 月 6 日 22 时完成 168 h 试运行投入商业运行，目前运行情况良好。

【习题】

一、填空题

1. 三相对称电压就是三个频率_____、幅值_____、相位互差_____的三相交流电压。

2. 三相电源相线与相线之间的电压称为_____。

3. 在三相四线制电源中，线电压的有效值等于相应的相电压的_____倍，相位比相应的相电压_____。

二、选择题

1. 下列关于相序的说法正确的是（　　）。

A. 周期出现的次序　　　　　　　　B. 相序就是相位

C. 三相电动势最大值出现的次序　　D. 互差 120° 的电流的次序

2. 在三相四线制供电系统中，线电压指的是（　　）的电压。

A. 相线之间　　B. 零线对地间　　C. 相线对零线间　　D. 相线对地间

3. 在三相四线制系统中，相电压为 200 V，与线电压最接近的值为（　　）。

A. 280　　　　　　B. 346　　　　　　C. 250　　　　　　D. 380

三、综合题

简述三相电动势的产生过程。

任务二 三相交流电路负载的连接

【实验探究】

如图4-8所示,某大楼电灯发生故障,第二层楼和第三层楼所有电灯都突然暗下来,而第一层楼电灯亮度不变,试问这是什么原因?这楼的电灯是如何连接的?同时发现,第三层楼的电灯比第二层楼的电灯还暗些,这又是什么原因?

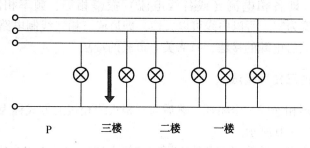

图4-8 某大楼电灯故障图

【任务目标】

掌握三相交流电路中负载星形连接和负载三角形连接的特点。

【相关知识】

交流电路负载可分为单相和三相负载。三相负载也有星形和三角形两种接法,至于采用哪种方法,要根据负载的额定电压和电源电压确定。

一、三相负载的星形接法

三相负载的一端连在一起与零线相接;另一端分别与火线相接的方式称为星形接法。该接法有三根火线和一根零线,叫作三相四线制电路,在这种电路中三相电源也必须是Y形接法,所以又叫作Y-Y接法的三相电路。三相负载的星形连接如图4-9a所示,相量图如图4-9b所示。

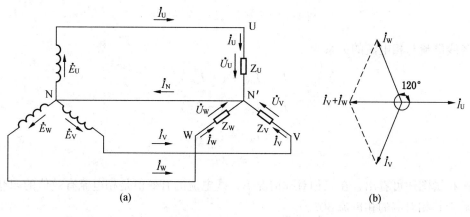

(a) (b)

图4-9 三相负载的星形接法

Y 接负载的端电压等于电源相电压；负载中通过的电流称为相电流 I_p；中线上通过的电流称为中线电流 I_N；火线上通过的电流称为线电流 I_1：

$$\dot{I}_1 = \dot{I}_p$$

中线电流：

$$\dot{I}_N = \dot{I}_U + \dot{I}_V + \dot{I}_W$$

当三相负载对称时，即各相负载完全相同，相电流和线电流也一定对称（称为 Y-Y 形对称三相电路）。即各相电流（或各线电流）振幅相等、频率相同、相位彼此相差 120°，并且中线电流为零。所以中线可以去掉，即形成三相三线制电路，也就是说对于对称负载来说，不必关心电源的接法，只需关心负载的接法。

二、三相负载的三角形接法

三相负载的首尾相连成一个闭环，然后与三根火线相接的方式称为三角形接法（常用"△"标记）。如图 4-10 所示。

三角形接负载的端电压等于电源线电压，火线上通过的电流称为线电流 I_1，负载中通过的电流称为相电流 I_p，则

$$\dot{U}_1 = \dot{U}_p$$

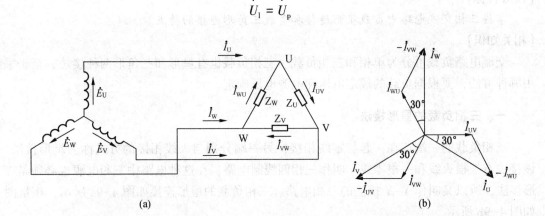

图 4-10　三相负载的三角形接法

各线电流与相电流的关系为

$$\dot{I}_U = \dot{I}_{UV} + (-\dot{I}_{WU})$$

$$\dot{I}_V = \dot{I}_{VW} + (-\dot{I}_{UV})$$

$$\dot{I}_W = \dot{I}_{WU} + (-\dot{I}_{VW})$$

$$I_1 = \sqrt{3}\, I_p$$

由相量图还可看出，在三相对称情况下，线电流的有效值是相电流有效值的 $\sqrt{3}$ 倍，相位滞后于其相对应的相电流 30°。

知识拓展

三相负载不平衡的影响

近年来，由于城农网改造及加强供用电管理，使供电企业的经济和社会效益有了明显提高。低压电网的三相平衡一直是困扰供电单位的主要问题之一，低压电网大多是经 10/0.4 kV 变压器降压后以三相四线制向用户供电，是三相生产用电与单相负载混合用电的供电网络。在装接单相用户时，供电部门应将单相负载均衡地分接在 U、V、W 三相上。但在实际工作及运行中，线路的标志、接电人员的疏忽再加上由于单相用户的不可控增容、大功率单相负载的接入以及单相负载用电的不同时性等，都造成了三相负载的不平衡。

三相负载不平衡的影响包括以下几个方面：

（1）增加线路的电能损耗。在三相四线制供电网络中，电流通过线路导线时，因存在阻抗必将产生电能损耗，其损耗与通过电流的平方成正比。

（2）增加配电变压器的电能损耗。配电变压器（以下简称配变）是低压电网的供电主设备，当其在三相负载不平衡工况下运行时，将会造成配变损耗的增加。因为配变的功率损耗是随负载的不平衡度而变化的。

（3）配变出力减少。配变设计时，其绕组结构是按负载平衡运行工况设计的，其绕组性能基本一致，各相额定容量相等。配变的最大允许出力要受到每相额定容量的限制。

（4）配变产生零序电流。配变在三相负载不平衡工况下运行，将产生零序电流，该电流将随三相负载不平衡的程度而变化，不平衡度越大，则零序电流也越大。

（5）影响用电设备的安全运行。配变是根据三相负载平衡运行工况设计的，当配变在三相负载平衡时运行，其三相电流基本相等，配变内部每相压降也基本相同，则配变输出的三相电压也是平衡的。

（6）电动机效率降低。配变在三相负载不平衡工况下运行，将会引起输出电压的三相不平衡。当这种不平衡的电压输入电动机后，负序电压产生旋转磁场起到制动作用，必将引起电动机输出功率减少，从而导致电动机效率降低。

【习题】

一、填空题

1. 三相负载有_____和_____两种接法。

2. 负载中通过的电流称为_____电流；火线上通过的电流称为_____电流。

3. 负载三角形接法时，线电流的有效值等于_____相电流的有效值。

二、选择题

1. 将三相负载分接在三相电源两根不同相线之间的接法，称为（　　）连接。

A. 星形　　　　B. 并联型　　　　C. 三角形　　　　D. 对称性

2. 负载作星形连接的三相电路中，流过中性线的电流为（　　）。

A. 0　　　　　　　　　　　　　B. 各相负载电流的代数和

C. 三倍相电流　　　　　　　　D. 各相负载电流的相量和

3. 三相负载作三角形连接时，线电压的有效值是相电压有效值的（　　）倍。

A. 1   B. $\sqrt{2}$ C. $\sqrt{3}$ D. 3

三、综合题

三相发电机是星形接法，负载也是星形接法，发电机的相电压 $U_p = 1000$ V，每相负载电阻均为 $R = 50$ kΩ，每相的感抗 $X_L = 25$ kΩ。试求：（1）相电流；（2）线电流；（3）线电压。

任务三　三相交流电路的功率

【实验探究】

三相负载常见的连接方式有星形和三角形两种，如图 4-11 所示，用电能表分别测量两种连接方式下三相负载消耗的总功率有什么关系？

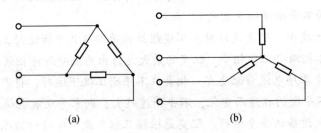

图 4-11　三相负载的两种接线方式

【任务目标】

掌握三相对称电路功率的计算。

【相关知识】

三相电路中的电压、电流都是按正弦规律变化的，所以三相电路中的各种功率的计算，与单相的计算方法基本相同。由于三相电路在结构上具有对称的特点，所以，我们将以对称电路进行探究。

一、平均功率

无论是三相电源发出的平均功率，或是三相负载所吸收的平均功率，按能量守恒定律都应等于各电路的平均功率之和，即

$$P = P_U = P_V = P_W$$

若已知各相电压、电流的有效值及其功率因数，则

$$P = P_U + P_V + P_W = U_U I_U \cos\varphi_U + U_V I_V \cos\varphi_V + U_W I_W \cos\varphi_W$$

式中　$\cos\varphi_U$、$\cos\varphi_V$、$\cos\varphi_W$——各相电压与各相电流之间的相位角。

在三相对称电路中，三相电压和电流都是对称的，其总功率为

$$P = 3U_p I_p \cos\varphi = 3P_p$$

星形接法时：

$$U_1 = \sqrt{3}\, U_p \qquad I_1 = I_p$$

三角形接法时：

$$U_1 = U_p \qquad I_1 = \sqrt{3}\, I_p$$

三相对称负载不论作星形连接还是三角形连接，其总有功功率均为

$$P = \sqrt{3}\, U_1 I_1 \cos\varphi$$

二、无功功率

三相电路的无功功率等于各相无功功率之和，即

$$Q = Q_U + Q_V + Q_W = U_U I_U \sin\varphi_U + U_V I_V \sin\varphi_V + U_W I_W \sin\varphi_W$$

在三相对称电路中，无论电路是星形连接或是三角形连接，其无功功率均为

$$Q = \sqrt{3}\, U_1 I_1 \sin\varphi$$

三、视在功率

在三相电路中的视在功率，不等于各相视在功率之和，而按下式计算：

$$S = \sqrt{P^2 + Q^2}$$

三相对称负载的视在功率为

$$S = \sqrt{3}\, U_1 I_1$$

在使用上述公式计算三相总有功功率时，应注意：φ 为负载相电压与相电流之间的相位差，它主要取决于负载的性质，而与负载的连接方式无关。

四、瞬时功率

三相电路中的瞬时功率等于各相瞬时功率之和，即

$$p = p_U + p_V + p_W = u_U i_U + u_V i_V + u_W i_W$$

在三相电路中，u_U、u_V、u_W 及 i_U、i_V、i_W 都是大小相等而相位互差 120° 的正弦电压及正弦电流，则

$$p = p_U + p_V + p_W = u_U i_U + u_V i_V + u_W i_W = 3 U_p I_p \cos\varphi$$

在三相对称电路中，三相瞬时功率是一个与时间常数无关的常数，它等于三相对称电路的平均功率。它表明在任一瞬间，在三相负载中电能转换为其他能量的速率是不变的。因此，在电动机中产生的机械转矩是恒定不变的，这样可以避免电动机的剧烈震动，能够平稳的运行。

知识拓展

三相不对称负载的功率

在三相电路的构成中，只要有任意一部分出现不对称的情况，就称为不对称三相电

路。例如，三相负载中的三个负载不完全相等，三相电源出现个别相电源短路或开路等现象，此时，都会形成不对称三相电路。

常见的不对称三相电路是指三相负载不对称，即 $Z_U \neq Z_V \neq Z_W$。

在电力系统中除三相电动机等对称三相负载外，还有许多由单相负载组成的三相负载。人们尽可能把它们平均分配在各相上，但往往不能完全平衡，而且这些负载不都是同时运行的。当三相系统发生故障时也会引起不对称。

三相电路总的有功功率应为各相负载有功功率之和，即

$$P = P_U + P_V + P_W = U_U I_U \cos\varphi_U + U_V I_V \cos\varphi_V + U_W I_W \cos\varphi_W$$

三相电路总的无功功率应为各相负载无功功率之和，即

$$Q = Q_U + Q_V + Q_W = U_U I_U \sin\varphi + U_V I_V \sin\varphi + U_W I_W \sin\varphi$$

【习题】

一、填空题

1. 三相负载消耗的总电功率应为各相负载消耗的功率之_____。

2. 三相负载对称，则三相负载的功率_____。

3. 三相对称负载不论作星形连接还是三角形连接，其总有功功率均为_____，无功功率为_____。

二、选择题

1. 一个三相对称负载，其每相电阻 8 Ω，每相感抗 6 Ω，则每相的总阻抗为(　　)Ω。

A. 2　　　　　　B. 10　　　　　　C. 14　　　　　　D. 48

2. 三相 Y 接负载的阻抗分别为 U 相 $R_U = 10$ Ω，V 相 $X_C = 10$ Ω，W 相 $X_L = 10$ Ω，则负载（　　）。

A. 对称　　　　　B. 不对称　　　　　C. 不能确定　　　　　D. 平衡

3. 在三相四线制电路中，$R_U = 5$ Ω，$R_V = 10$ Ω，$R_W = 20$ Ω；电源电压 220 V，若 U 相断开，则 W 相电流为（　　）。

A. 11　　　　　　B. 12.67　　　　　　C. 19　　　　　　D. 22

三、综合题

同一个三相对称负载星形连接的功率与三角形连接的功率之间是什么关系？

任务四　电能表的安装与使用

【问题探究】

某公司需要安装空调，规定在每一台空调上都安装电能表，电能表如图 4-12 所示。作为一名电工，正确的安装方法是什么？

【任务目标】

（1）了解电能表的分类、结构和铭牌。

（2）掌握电能表的安装接线。

【相关知识】

电能表也称电度表，它是用来测量某一段时间内发电机发出的电量或负载所消耗的电量的仪表。其计量单位是 kW·h（1度＝1kW·h）。

图 4-12 电能表

一、电能表的分类、结构和铭牌

1. 电能表的分类

按使用电源性质分类，可分为交流电能表和直流电能表。

按结构和原理分类，可分为感应式电能表和电子式电能表。

按准确度等级分类，可分为普通安装式电能表（0.2、0.5、1.0、2.0、3.0级）和携带式精密级电能表（0.01、0.02、0.05、0.1、0.2级）。

按用途分类，可分为工业与民用电能表及特殊用途电能表。

2. 电能表的结构

电能表一般由测量机构和辅助部件这两大部分组成。

1）测量机构

如图 4-13 所示，测量机构是电能表实现电能测量的核心部分，它由驱动元件、转动元件、制动元件、轴承和计度器等 5 大部分组成。

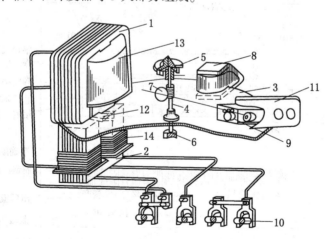

1—电压铁芯；2—电流铁芯；3—转盘；4—转轴；5—上轴承；6—下轴承；7—蜗轮；

8—制动元件；9—计度器；10—接线端子；11—铭牌；12—回磁极；13—电压线圈；14—电流线圈

图 4-13 单相交流感应式电能表测量机构

驱动元件（电磁元件）包括电压元件和电流元件。它的作用是接受被测电路的电压和电流，并产生交变磁通，此交变磁通通过转盘时，在转盘内产生感应电流，交变磁通和感应电流相互作用，产生驱动力矩，使转盘转动。

转动元件由转盘 3 和转轴 4 组成，转动元件的作用是在电能表工作时，把转盘转动的转数传递给计度器。

制动元件由永久磁铁及其调整装置组成。它的作用是产生与驱动力矩方向相反的制动力矩，以便使转盘的转动速度与被测电路的功率成正比。

轴承由上、下轴承组成。上轴承位于转轴上端，起定位和导向作用。

计度器的作用是累计电能表转盘的转数，并通过齿轮比换算为电能单位的指示值。目前，计度器主要有指针式和字轮式两种形式。

2）辅助部件

辅助部件包括底座、表盖、基架、端钮盒和铭牌。

底座的作用是将电能表基架、端钮盒及表盖固定在它的上面，并供电能表安装、固定用。

表盖起密封和保护作用，通过透明部分可以看到转盘转动和计度器的示数。

基架的作用是支撑和固定测量机构及调整装置。

端钮盒的作用是将测量机构的电流、电压线圈与被测电路相连接。

3. 电能表的铭牌

铭牌可以固定在计度器框架上，也可附在表盖上，示意图如图 4-14 所示。铭牌上标志的含义分别说明如下：

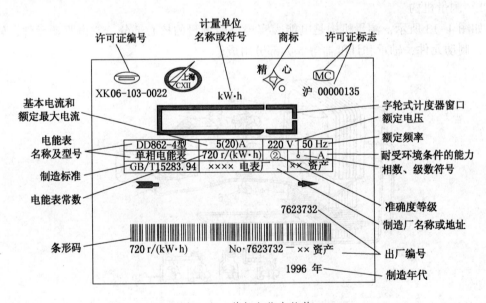

图 4-14 单相电能表铭牌

1）计量单位名称或符号

如有功电能表为"千瓦·时"或"kW·h"，无功电能表为"千乏·时"或"kvar·h"。

2）字轮式计度器的窗口

整数位和小数位用不同颜色区分，中间有小数点。

3）电能表的名称及型号

电能表型号是用字母和数字的排列来表示的，内容包括类别代号+组别代号+设计序号+改进序号+派生号。我国对电能表型号的表示方式规定见表4-1。

表4-1 电能表型号的表示方式

第一部分		第二部分				第三部分		第四部分		第五部分	
字母	含义	第一字母	含义	第二字母	含义	字母	含义	字母	含义	字母	含义
D	电能表	D	单相	A	安培小时计	阿拉伯数字	设计序号	小写的汉语拼音字母	改进型号	T	湿热、干燥两用
				B	标准						
				D	多功能					TH	湿热带用
		S	三相三线有功	F	复费率						
				J	直流					TA	干热带用
				H	总耗						
		T	三相四线有功	L	长寿命					G	高原用
				M	脉冲						
				S	全电子式					H	船用
		X	三相无功	Y	预付费						
				Z	最大需量					F	化工防腐用

注：第一字母表示相线，第二字母表示用途及工作原理。

例如：

DD 表示单相电能表，如 DD862 型、DD701 型、DD95 型。

DS 表示三相三线有功电能表，如 DS8 型、DS310 型、DS864 型等。

DT 表示三相四线有功电能表，如 DT862 型、DT864 型。

DX 表示无功电能表，如 DX8 型、DX9 型、DX310 型、DX862 型。

DZ 表示最大需量表，如 DZ1 型。

DB 表示标准电能表，如 DB2 型、DB3 型。

DT862-4-30（100）A 的字母含义：DT 表示三相四线有功电能表；86 表示设计系列；2 表示型号；4 表示 4 倍表；30 表示电能表的额定电流；（100）表示电能表的最大允许电流；A 表示电流的单位。

二、电能表的安装接线

1. 单相电能表的安装操作步骤

（1）参照单相电能表的安装原理图，把选择的电气元件规划布置，安装在一块木板上。

（2）接线。两个进线端分别接电源的相线和中性线，然后相线从电能表的第1孔进、第2孔出；中性线从电能表的第3孔进、第4孔出。

两个出线端分别接负载，注意要求先通过开关再接负载，如用漏电保护器则按标识接相线和中性线。

完成组装接线后，自查组装及接线的正确性。经教师检查接线无误后，合上开关接通电源，观察电能表的表盘转动情况。通电试验必须在教师的监护下进行，确保安全。任务完成后，切断电源，整理现场。

单相电能表安装职业技能评分见表 4-2。

表 4-2 单相电能表安装职业技能评分表

班级		姓名		学号		得分	
工作项目	评分项目	配分	评 分 标 准			扣分	得分
元件定位	元件定位尺寸	20	1. 元件定位尺寸 1~2 处不正确，扣 4 分 2. 元件定位尺寸 3~4 处不正确，扣 8 分 3. 元件定位尺寸多处不正确或不能定位，扣 20 分				
元件安装	元件安装牢固	20	1. 元件安装 1~2 处不牢固，扣 4 分 2. 元件安装 3~4 处不牢固，扣 8 分 3. 元件安装多处不牢固，扣 20 分				
线路布线	线路布线平直、美观	20	1. 线路布线 1~2 处不美观，扣 4 分 2. 线路布线 3~4 处不美观，扣 8 分 3. 线路布线多处不美观，扣 20 分				
通电调试	通电调试，完全正确	20	1. 调试未达到要求，能自行修改后结果基本正确，扣 6 分 2. 调试未达到要求，经提示 1 次后修改结果基本正确，扣 10 分 3. 通电调试失败或未能通电调试，扣 20 分				
故障排除	排除 3 处隐蔽故障	10	1. 在安装好的电气线路中设置 3 处隐蔽故障，在 20 min 内排除。每延长 1 min 扣 1 分，以 10 分为限 2. 每少排除 1 处隐蔽故障扣 4 分，以 10 分为限				
安全操作，无事故发生	安全文明，符合操作规程	10	1. 操作过程中损坏元件 1~2 只，扣 2 分 2. 经提示后再次损坏元件，扣 4 分 3. 未经允许擅自通电，造成设备损坏，扣 10 分				
合 计							

2. 三相交流电路电能的测量

测量三相交流电路的电能，可使用单相电能表，其接法有两表法和三表法之分。例如在三相三线制电路中，按两表法接线，只要接入两只单相电度表，则两表读数之和就是三相电路的总电能。

1）直接接入法

如果负载的功率在电度表允许的范围内，那么就可以采用直接接入法。

如图 4-15 所示，用两块单相电能表测三相三线电能接线图（直接接入）。

2）经互感器接入法

在测量大电流的三相电路用电量时，因为线路流过的电流很大（如 300~500 A），不

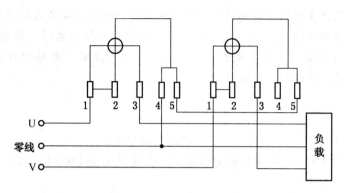

图4-15 直接接入法

可能采用直接接入法，应使用电流互感器进行电流变换，将大的电流变换成小的电流，即电能表能承受的电流，然后再进行计量。一般来说，电流互感器的二次侧电流都是 5 A。

如图4-16所示，经电流互感器接入法，用两块单相电能表测三相三线电能接线图。

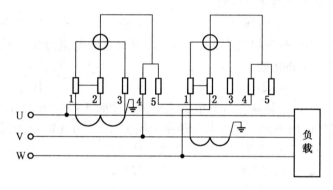

图4-16 经电流互感器接入法

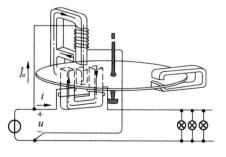

🔩 **知识拓展**

电能表的工作原理

如图4-17所示，电能表当交流电通过感应式单相电能表的电压线圈时，在电压元件铁芯中产生一个交变磁通，这一磁通经过伸入铝盘下部的回磁板穿过铝盘构成磁回路，并在铝盘上产生涡流。交流电流通过电流线圈时，会在电流元件铁芯中产生一个交变磁通，这一磁通通过铁芯柱的一端穿出铝盘，又经过铁芯柱的另一端穿入铝盘，从而构成闭合的磁路。电压线圈和电流线圈产生的是两个交变磁通，这两个交变磁通及其产生的涡流相互作用，产生电磁力矩。这个电磁力矩（即转动力矩）推动铝盘转动。同时这两个磁通产生的涡流

图4-17 电能表的工作原理图

也与制动永久磁铁产生的磁场相互作用产生制动力矩，制动力矩的大小是随铝盘转速的增大而增大的，与铝盘转速成正比。只有制动力矩与转动力矩平衡时，铝盘才能匀速转动。计数机构在铝盘的带动下，在电度表的面板上显示用电度数。电路中负载越重，电流越大，铝盘旋转越快，单位时间内读数越大。

【习题】

一、填空题

1. 电能表一般由_____和_____这两大部分组成。

2. 一台标有"220 V 100 W"的电冰箱，一天耗电 0.86 kW·h，则它一天实际工作的时间约为_____h。

3. 拥有我国自主知识产权，采用锂电池驱动的电动能源汽车已经投入生产。其设计最大速度为 120 km/h，合_____m/s；该汽车每行驶 100 km 耗电 8kW·h，合_____J。

二、选择题

1. 电能表可测量下列物理量中的（　　　）。

A. 电流　　　　B. 电压　　　　C. 电阻　　　　D. 电能

2. 一只电热器，当它两端的电压为 220 V 时,通过它的电流为 2.5 A,需通电（　　　）h，才可消耗 2.2kW·h 的电能。

A. 1　　　　B. 2　　　　C. 3　　　　D. 4

3. 小林家 4 月底电能表读数为 208.7 kW·h，5 月底电能表读数如图 4-18 所示，则 5 月份他家消耗了（　　　）kW·h 的电能。

A. 8.7　　　　　　B. 41.5

C. 53.8　　　　　D. 472.2

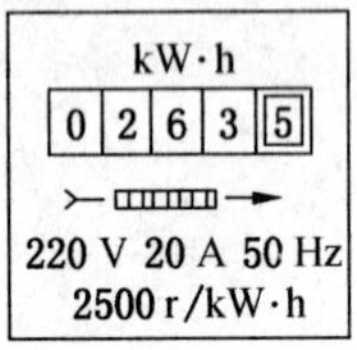

```
   kW·h
 ┌─┬─┬─┬─┬─┐
 │0│2│6│3│5│
 └─┴─┴─┴─┴─┘
 ≥ ▭▭▭▭ →
220 V 20 A 50 Hz
 2500 r/kW·h
```

图 4-18　电能表

三、综合题

一个电热水壶，铭牌部分参数如下：额定电压 220 V，额定功率模糊不清，热效率为 90%。正常工作情况下烧开满壶水需要 5 min，水吸收的热量为 118800 J，此时热水壶消耗的电能为_____J，其额定功率为_____W，电阻是_____Ω。若实际电压为 198 V，通过电热水壶的电流是_____A，1 min 内电热水壶产生的热量是_____J（假设电阻不随温度改变）。

项目五　三相变压器的连接组——认知变压器

【项目描述】

变压器是一种传递电能或传输信号的静止电器，是电力系统中生产、输送、分配和使用电能的重要装置。本项目主要介绍变压器的用途、种类、基本结构、基本工作原理，以及三相变压器的连接方式、并联运行等问题，并通过项目技能训练——变压器极性的测定讨论变压器知识。

【项目目标】

（1）了解变压器的概念、应用、原理及分类；掌握变压器的基本结构、连接方式。

（2）会变压器极性的测定。

任务一　变压器概述

【问题探究】

在我们生活中，使用的各种用电器中，所需要的电源电压是各不相同的。而日常照明电路的电压是 220 V，怎么解决这样的问题呢？

【任务目标】

（1）了解变压器的工作原理。

（2）掌握变压器的用途、种类和结构。

【相关知识】

一、变压器的用途

变压器是利用电磁感应原理，将某一数值的交流电压变换为同频率的另一数值的交流电压的电气设备。变压器不仅对电力系统中电能的传输、分配和安全使用有重要意义，而且广泛应用于电气控制、电子技术、焊接技术等领域。

图 5-1 所示为电能传输分配示意图。发电站发出的电力往往需经远距离传输才能到达用电地区。在传输的功率恒定时，传输电压越高，则线路中的电流和损耗就越小；因此，在传输过程中，采用升压变压器获得较高的传输电压。而电能被送到用电区后，又要根据不同用户的需要，采用降压变压器降压。

日常生活中，各种用电设备所需的电压各不相同，见表 5-1。我们国家民用统一供电均为 220 V，为了使那些额定电压不是 220 V 的电气设备正常工作，需要变压器来实现升压、降压。

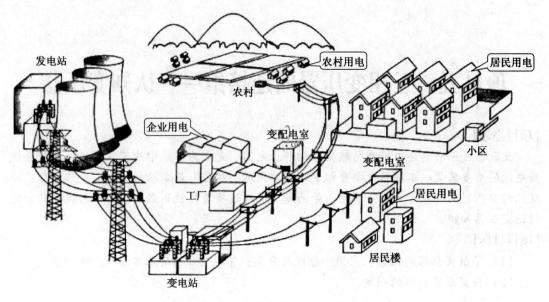

图 5-1 电能传输分配示意图

表 5-1 日常用电设备的额定工作电压

用电器	额定工作电压/V	用电器	额定工作电压/V
随身听	3	录音机	6
扫描仪	12	机床照明灯	36
手机充电器	4.4、6、9	电饭煲、洗衣机等	220

二、变压器的种类

为适应不同的使用目的和工作条件，变压器通常可按相数、用途、冷却方式、绕组数目、铁芯结构等划分类别。变压器按相数、用途和冷却方式分类是最常见的三种分类方式。

1. 按相数分类

按相数分为单相变压器、三相变压器和多相变压器。

2. 按用途分类

按用途一般分为电力变压器和特种变压器两大类。

电力变压器常用于电能的传输和分配。按其功能不同又可分为升压变压器、降压变压器、配电变压器等。

特种变压器包括电流互感器（图 5-2）、电压互感器、控制变压器、电焊变压器、电炉变压器、自耦变压器等。

（1）电流互感器、电压互感器常用于电工测量与自动保护装置。

（2）控制变压器常用于小功率电源系统和自动控制系统，容量一般比较小。

（3）电焊变压器常用于焊接各类钢铁材料的交流电焊变压器电焊机上。

（4）电炉变压器常用于冶炼、加热及热处理。

（5）自耦变压器常用于实验室或工业上的调压。

3. 按冷却方式分类

按冷却方式可分为油浸式变压器（图5-3）、风冷式变压器、自冷式变压器、干式变压器。

图5-2 电流互感器　　　　　图5-3 油浸式变压器

（1）油浸式变压器常用于大、中型变压器，如三相油浸式电力变压器。

（2）风冷式变压器常用于大型变压器，其冷却方式为强迫油循环风冷。

（3）自冷式变压器常用于中、小型变压器，其冷却方式为通过空气冷却。

（4）干式变压器用于安全防火要求较高的场合，如地铁、机场及高层建筑。

三、变压器的基本结构

尽管各种变压器的外形各异，但其基本结构是相同的。如图5-4所示，变压器的最基本组成部分是铁芯和绕组。变压器的基本符号如图5-5所示。

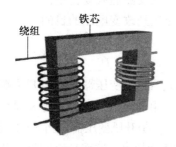 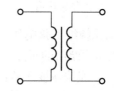

图5-4 变压器的基本结构图　　　图5-5 变压器符号

1. 铁芯

为了提高导磁性能和减少铁损，铁芯用厚度为 0.35~0.5mm、表面涂有绝缘漆的硅钢片叠压而成。基本结构分为铁芯柱和铁轭两部分，有单心式和单壳式两种形式，如图5-6和图5-7所示。

2. 绕组

变压器的绕组一般用绝缘铜线或铝线绕制而成，有同心式和交叠式两种形式。

同心式：高（外）、低（内）压绕组同心地绕在铁芯柱上，结构简单，制造方便。

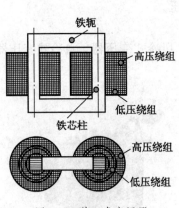

图 5-6 单心式变压器

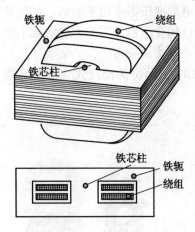

图 5-7 单壳式变压器

交叠式：高、低压绕组交叠放置，最上和最下为低压绕组。漏阻抗较小，机械强度好，引线方便，在特殊变压器上使用较多。

四、变压器的基本工作原理

变压器的主要部件是铁芯和套在铁芯上的两个绕组。两绕组只有磁的耦合，没有电的联系。如图 5-8 所示，在一次绕组中加上交变电压 u_1，根据右手螺旋定则，产生交链一、二次绕组的交变磁通 Φ，在两绕组中分别感应电动势 e。根据电磁感应定律，当变压器二次侧带负载时，则产生感应电流，在负载上形成二次电压 u_2。

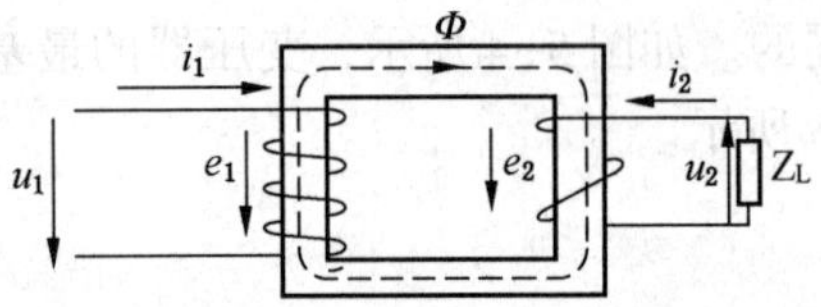

结论：只要磁通有变化量，一、二次绕组的匝数不同，就能达到改变电压的目的。

$$\frac{U_1}{U_2} = \frac{N_1}{N_2} = K$$

图 5-8 变压器的工作原理图

其中 U_1 是外加原绕组正弦电压 u_1 的有效值，U_2 为变压器副绕组开路端电压正弦电压 u_2 的有效值。N_1 表示原绕组的匝数，N_2 表示副绕组的匝数。匝数变比 K 是变压器运行的重要参数。当 $K > 1$ 时，是降压变压器；当 $K < 1$ 时，是升压变压器；当 $K = 1$ 时，是隔离变压器。变压器初、次级绕组的电压比就等于它们的匝数比 K。这就是变压器的变压原理。

【例】已知某变压器的初级电压为 220 V，次级电压为 36 V，初级的匝数为 2200 匝，试求该变压器的变压比和次级的匝数。

解

$$\frac{U_1}{U_2} = \frac{N_1}{N_2} = K$$

$$K = \frac{220}{36} \approx 6$$

$$N_2 = \frac{U_2}{U_1}N_1 = \frac{2200 \times 36}{220} = 360 \text{ 匝}$$

【习题】

一、填空题

1. 变压器是利用_____原理制成的。

2. 变压器通常可按_____、_____、_____、绕组数目、铁芯结构等划分类别。

3. 电流互感器、电压互感器常用于电工_____与_____装置。

二、选择题

1. 正常工作的理想变压器的原、副线圈中，数值上不一定相等的是（　　）。

A. 电流的频率
B. 线圈上的电压最大值

C. 电流的有效值
D. 电功率

2. 理想变压器原、副线圈匝数比为 10 : 1，以下说法中正确的是（　　）。

A. 穿过原、副线圈每一匝磁通量之比是 10 : 1

B. 穿过原、副线圈每一匝磁通量的变化率相等

C. 原、副线圈每一匝产生的电动势瞬时值之比为 10 : 1

D. 正常工作时原、副线圈的输入、输出功率之比为 10 : 1

三、计算题

将某单相变压器接在电压 $u_1 = 220$ V 的电源上，已知 $u_2 = 20$ V，次级匝数 $N_2 = 100$ 匝，则初级的匝数是多少？

任务二　三相变压器

【问题探究】

要使用三相变压器，首先必须对其原、副绕组进行有效的连接。而要实现这些绕组间的连接，必须弄明白绕组的极性和同名端，会正确识别绕组的极性，绕组进行连接后属于什么连接组别。

【任务目标】

（1）掌握三相变压器的连接方式。

（2）了解三相变压器的并联运行方式。

【相关知识】

一、三相变压器简介

三相变压器广泛应用于电力系统中。如图 5-9 所示，在对称三相负载下运行时，变压器的各相电压、电流大小相等，相角互差 120°，三相完全对称。

图 5-9　三相变压器

二、三相变压器的连接方式

1. 三相变压器的端头标号

三相变压器有六个绕组，即三个高压绕组和三个低压绕组，为了正确连接和使用变压器，国标规定了三相变压器各个绕组的首端和末端的标记方法，见表 5-2。

表 5-2　三相变压器的端头标号

绕组名称	三相变压器的端头标号		中性点
高压绕组	U_1、V_1、W_1	U_2、V_2、W_2	N
低压绕组	u_1、v_1、w_1	u_2、v_2、w_2	n
中压绕组	U_{1m}、V_{1m}、W_{1m}	U_{2m}、V_{2m}、W_{2m}	N_m

2. 三相绕组的连接方式

对于三相变压器，高压绕组、低压绕组，我国主要采用星形连接（Y 连接）和三角形连接（D 连接）两种。

三相心式变压器的三个心柱上分别套有 U 相、V 相、W 相的高压和低压绕组，三相共六个绕组为绝缘方便，通常把低压绕组套在里面，高压绕组套装在低压绕组外面。三相绕组常用星形连接（用 Y 或 y 表示）或三角形连接（用 D 或 d 表示），如图 5-10 和如图 5-11 所示。

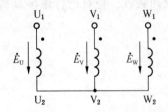
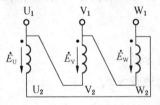
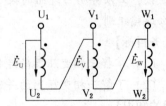

图 5-10　三相绕组的星形　　　　　　图 5-11　三相绕组的三角形连接方式
　　　　连接方式

3. 绕组的端点标志与极性

变压器高、低压绕组交链着同一主磁通，当某一瞬间高压绕组的某一端为正电位时，在低压绕组上必有一个端点的电位也为正，这两个对应的端点称为同极性端，并在对应的端点上用符号"·"标出，如图5-12所示。

绕组的极性只决定于绕组的绕向，与绕组首、末端的标志无关。规定绕组电动势的正方向为从首端指向末端。

当同一铁芯柱上高、低压绕组首端的极性相同时，其电动势相位相同。当首端极性不同时，高、低压绕组电动势相位相反。

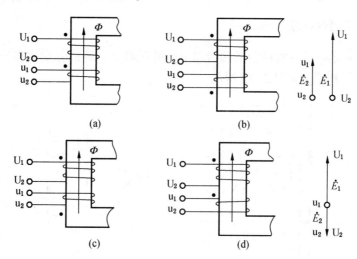

图5-12 绕组的标志、极性和电动势相量图

4. 三相变压器的连接组

三相变压器的连接组——高、低绕组对应线电动势之间的相位差，不仅与绕组的极性（绕法）和首末端的标志有关，而且与绕组的连接方式有关。

基本的三相连接方式有：Y, y连接；Y, d连接；D, y连接；D, d连接。

三相绕组采用不同的连接时，变压器高、低压绕组对应线电势之间的相位差总是30°的倍数，所以常用"时钟表示法"来表示其相位关系。

"时钟表示法"：把高压绕组的线电势相量作为时钟的长针（分针）固定指向"12"点，对应的低压绕组线电势相量作为时钟的短针（时针），其所指的钟点数就是变压器的连接组别号。

下面以Y, y0连接组为例说明三相变压器连接组别的步骤：

（1）根据三相变压器绕组连接方式（Y或y、D或d）画高、低压绕组接线图（绕组按U、V、W相序自左向右排列）；

（2）在接线图上标出相电动势和线电动势的假定正方向；

（3）画出高压绕组电动势相量图，将U、V重合，再画出低压绕组的电动势相量图（画相量图时应注意三相量按顺相序画）；

（4）根据高、低压绕组线电动势相位差，确定连接组别的标号。

总的来说，Y, y接法和D, d接法可以有0, 2, 4, 6, 8, 10等6个偶数连接组别，Y, d接法和D, y接法可以有1, 3, 5, 7, 9, 11等6个奇数组别，因此三相变压器共有

12 个不同的连接组别。

变压器连接组的种类很多，为了制造和并联运行时的方便，我国规定 Yyn0、Yd11、YNd11、YNy0 和 Yy0 五种作为标准连接组。五种标准连接组中，以前三种最为常用。Yyn0 连接组的二次侧可引出中线，成为三相四线制，用于配电变压器时可兼供动力和照明负载。Yd11 连接组用于二次电压超过 400 V 线路中，此时变压器油一侧接成三角形，对运行有利。YNd11 连接组主要用于高压输电线路中，使电力系统的高压侧可以接地。

三、三相变压器的并联运行

变压器的并联运行是指将两台或两台以上的变压器原、副边分别接在公共母线，共同向负载供电的运行方式，如图 5-13 所示。

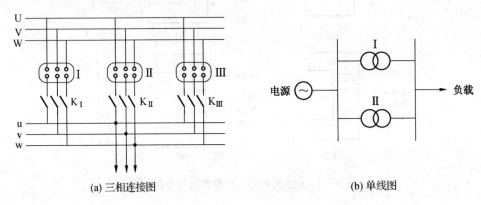

(a) 三相连接图　　　　　　　　　　　　(b) 单线图

图 5-13　三相变压器的并联运行接线图

1. 并联运行的优点

(1) 提高了供电的可靠性。并联运行时，如果某台变压器发生故障或需要检修时，可以将它从电网切除，而不中断向重要用户供电。

(2) 可以根据负载的大小调整投入并联运行变压器的台数，以提高运行效率。

(3) 可以减少备用容量，并可随着用电量的增加，分期分批地安装新的变压器，以减少初期投资。

并联变压器的台数不宜太多，否则总的设备费用、材料消耗、占地面积都将增大，使变电站总的造价升高，通常为两台并联运行。

2. 理想的并联运行条件

(1) 各变压器的原、副边的额定电压分别相等，即变比相等。

(2) 各变压器的连接组别相同。

(3) 各变压器的短路电压（短路阻抗标幺值）相等，且短路阻抗角也相等。

3. 变压器的选用

(1) 额定电压的选择。依据输电线路电压等级和用电设备的额定电压，一般变压器原绕组的额定电压应与线路额定电压相等。

(2) 额定容量的选择。容量选小了，造成变压器经常过载运行，缩短变压器寿命，甚至影响工厂的正常供电；选得过大，变压器得不到充分利用，效率和功率因数低。工厂总负荷乘以系数，一般为 0.2~0.7。

（3）台数的选择。当总负荷小于 1000 kV·A 时，一般选用一台变压器；当总负荷大于 1000 kV·A 时，可选用两台技术数据相同的变压器并联运行。

【习题】

一、填空题

1. 三相变压器高压绕组低压绕组的连接方式，我国主要采用＿＿＿＿连接和＿＿＿＿连接两种。

2. 我国规定三相变压器有＿＿＿＿五种标准连接组。

3. 变压器的并联运行是指将＿＿＿＿台或＿＿＿＿台以上的变压器原、副边分别接在公共母线，共同向负载供电的运行方式。

二、选择题

1. Yyn0 表示三相变压器一次绕组和二次绕组的绕向相同，线端标号一致，而且一、二次绕组对应的相电势是（ ）的。

A. 同相   B. 反相   C. 差 90°   D. 相差 270°

2. 当总负荷大于 1000 kV·A 时，可选用（ ）变压器并联运行。

A. 两台技术数据相同   B. 两台技术数据不相同

C. 一台   D. 任意台数任意型号

三、判断题

1. 变压器是一种静止的电气设备，它利用电磁感应原理将一种电压等级的交流电转变成异频率的另一种电压等级的交流电。（ ）

2. YNd11 连接组主要用于高压输电线路中，使电力系统的高压侧可以接地。（ ）

四、简答题

简述三相变压器并联运行的条件。

任务三   变压器的绕组极性的测定

【问题探究】

变压器的绕组极性接反，在绕组中将会出现很大的短路电流，甚至把变压器烧毁，作为一名电工，如何正确使用电工工具进行变压器绕组极性的测定？

【任务目标】

（1）掌握变压器的极性判别方法。

（2）会变压器的极性判别。

【相关知识】

变压器绕组的极性反映变压器初、次级绕组中的感应电动势之间的相位关系。当一台单相变压器单独运行时，它的极性对于运动情况没有任何影响。但一台三相变压器运行时，就要考虑变压器绕组的极性问题了。鉴别既没有线端标记，又不知绕向的绕组，我们可以使用分析法和实验法来判定。

一、分析法

由于变压器绕组的极性是由它的绕制方向决定的，对两个绕向已知的绕组可以这样判断：当电流从两个同名端流入（或流出）时，铁芯中所产生的磁通方向一致。如图 5-14 所示，电流从 U_1 和 U_2 这两个端流入或流出时，他们在铁芯中产生的磁通方向一致，则可判断出 u_1 和 u_2 是同名端。

二、实验法

对于一台已经制成的变压器，由于经过工艺处理，无法从外部观察其绕组的绕向，因此无法直接分析出其同名端。此时，可用实验法进行测定，实验法分为交流法和直流法两种。

1. 交流法

如图 5-15 所示，将初、次级绕组各取一个接线端连接在一起（如将该图 5-15 中的 2 和 4 连接），并在一个绕组上加一个较低的交流电压，再用交流电压表分别测量 U_{12}、U_{13}、U_{34} 的电压。若测量结果为 $U_{13}=U_{12}-U_{34}$，则说明 N_1 绕组和 N_2 绕组为反极性串联，故 1 和 3 为同名端；若测量结果为 $U_{13}=U_{12}+U_{34}$，则说明 N_1 绕组和 N_2 绕组为同极性串联，故 1 和 4 为同名端。

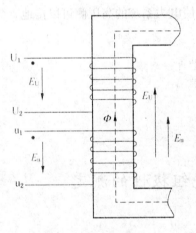

图 5-14 变压器绕组极性

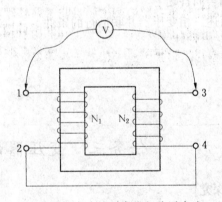

图 5-15 交流法测定绕组的同名端

2. 直流法

图 5-16 所示为采用直流法测定绕组极性的接线图，为了安全，电源一般选用 1.5 V 的干电池或 2~6 V 的蓄电池。当合上或断开开关 S 的瞬间，观察检流计 PA 的指针偏转方向，若合上开关 S 的瞬间，检流计指针向右偏转，则 U_1 和 V_1 为同名端；若合上开关 S 的瞬间，检流计指针向左偏转，则 U_1 和 V_2 为同名端。电路接通后，若断开开关 S 的瞬间，

检流计指针向右偏转，则 U_1 和 V_2 为同名端；若断开开关 S 的瞬间，检流计指针向左偏转，则 U_1 和 V_1 为同名端。

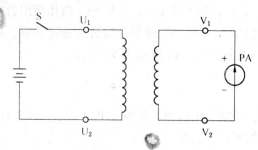

图 5-16　直流法测定绕组的同名端

【实操训练】

三相变压器绕组极性的判定

一、训练目的

通过实操，掌握用电压表法测定变压器绕组的极性。

二、实训器材

三相交流电源、三相变压器一台、连接导线若干。

三、实施过程及步骤

1. 确定各绕组的端子

三相变压器的三个原绕组和三个副绕组总共 12 个出线端，用万用表的欧姆挡分别测量每两个端子之间电阻值的大小，若测得两端子间的电阻接近，则表明两端子之间是开路，即它们不在同一绕组上；若测得两端子间的电阻在几欧到几百欧之间，则表明两端子在同一绕组上。这样便可以将 12 个端子分成 6 组，每一组为一个绕组。

2. 确定原、副绕组

用万用表欧姆挡进一步测试每一个绕组的两个端子间的电阻值，电阻值大的为原绕组（高压侧绕组），电阻值小的为副绕组（低压侧绕组）。

3. 暂定绕组端子标记

给三相原绕组中每一相绕组的两个端子暂时标上记号：U_1-U_2、V_1-V_2、W_1-W_2，其中 U_1、V_1、W_1 互为同名端（假定为首端），U_2、V_2、W_2 互为同名端（假定为末端）；给三相副绕组中每一相绕组的两个端子暂时标上记号：u_1-u_2、v_1-v_2、w_1-w_2，其中 u_1、v_1、w_1 互为同名端（假定为首端），u_2、v_2、w_2 互为同名端（假定为末端）。

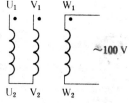

图 5-17　极性测定图

4. 用电压表法判别绕组的极性

测定原绕组的极性。如图 5-17 所示，将 U_2 和 V_2 两点用导线相连，在 W_1-W_2 绕组间加一低压交流电压（如 AC100V），用电压表测出 $U_{U_1U_2}$、$U_{V_1V_2}$ 和 $U_{U_1V_1}$。

若 $U_{U_1V_1} = |U_{U_1U_2} - U_{V_1V_2}|$，则表明 U_1-U_2、V_1-V_2 两相绕组暂定标记正确；若 $U_{U_1U_2} = |U_{U_1U_2} + U_{V_1V_2}|$，则表明 U_1-U_2、V_1-V_2 两相绕组暂定标记错误，此时应该把其中的任一相绕组的标记调换过来（比如将 V_1-V_2 改正为 V_2-V_1）。

【习题】

一、填空题

1. 变压器绕组的极性反映变压器初、次级绕组中_____之间的相位关系。

2. 变压器绕组极性的判别方法有_____、_____、_____等方法。

3. 采用直流法测定绕组极性，为了安全，电源一般选用_____ V 的干电池或_____ V 的蓄电池。

二、判断题

1. 用万用表欧姆挡进一步测试每一个变压器绕组的两个端子间的电阻值，电阻值大的为副绕组。（　　　）

2. 用万用表的欧姆挡分别测量变压器每两个端子之间的电阻值的大小，若测得两端子间的电阻在几欧到几百欧之间，表明两端子不在同一绕组上。（　　　）

3. 当一台单相变压器单独运行时，它的极性对于运动情况没有任何影响。（　　　）

三、简答题

叙述三相变压器极性的判断方法。

项目六　异步电动机绝缘电阻的测定——认知交直流电机

【项目描述】

电动机是将电能转换为机械能的一种电气设备（俗称马达）。电动机在电路中用字母"M"表示。它的主要作用是产生驱动转矩，作为用电器或各种机械的动力源。按工作电源种类划分，可分为直流电机和交流电机。本项目主要介绍交、直流电机的作用、结构和工作原理，以及完成项目技能异步电动机的绝缘电阻的测定。

【项目目标】

（1）掌握交、直流电机的种类、结构及工作原理。

（2）学生在教师的指导下，能完成电机的选择及异步电动机绝缘电阻的测定。

任务一　直流电机

【问题探究】

电动机是我们生活中常见的一种电气设备，电动机将电能转化为机械能，从而带动各种生产机械和生活用电器的运转。电动机的应用很广，种类也很多，我们经常看到或用到哪些电机？你知道直流电机它有哪些优、缺点吗？随着近年电力电子技术的迅速发展直流电机在电力拖动系统中的地位和作用又是怎样的？

【任务目标】

（1）了解直流电机的用途。

（2）明确直流电机的结构及其工作原理。

【相关知识】

一、直流电机的用途

直流电机的用途很广，可用作电源即直流发电机，将机械能转化为直流电能；也可提供动力，即用作直流电动机，将直流电能转化为机械能。直流电动机具有调速平滑、启动转矩大和调速范围广等特点，因此对调速要求高和启动转矩要求大的机械往往采用直流电动机来拖动。在日常生活中也常用到直流电动机，如电动剃须刀、电动儿童玩具、用直流电动机拖动的电梯等。

另外，直流电动机还可作为测量元件进行信号的传递，以实现生产机械的自动化控制。如直流测速发电机是将机械信号转换为电信号的电气设备；直流伺服电动机是将控制信号转换为机械信号的电气设备。

二、直流电机的结构

电动机和直流发电机在主要结构上基本相同，都由静止和转动两大部分组成，如图 6-1 所示。

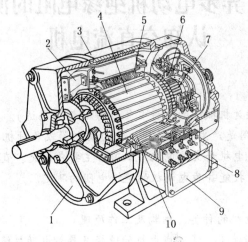

1—端盖；2—风扇；3—机座；4—电枢；5—主磁极；6—刷架；

7—换向器；8—接线板；9—出线；10—换向磁极

图 6-1　直流电机基本结构

1. 直流电动机的静止部分

直流电动机的静止部分称为定子，用于产生磁场，由主磁极、换向极、电刷装置等组成，其剖面结构如图 6-2 所示。

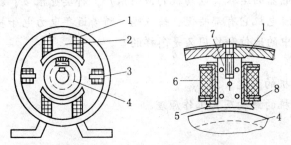

1—机座；2—主磁极；3—换向极；4—电枢；5—极靴；

6—励磁线圈；7—极身；8—框架

图 6-2　直流电机定子剖面结构

1）主磁极

主磁极是一种电磁铁，用于产生主磁场。由铁芯、极靴和励磁绕组三部分组成，主磁极铁芯通常用 1~1.5 mm 厚的钢板冲片叠压铆紧而成。励磁绕组是用来产生主磁通的，用绝缘铜线绕制而成。当给励磁绕组通入直流电时，铁芯成为极性的固定磁极。上面套励磁绕组的部分称为极身，下面扩宽的部分称为极靴。极靴的作用是使气隙磁场分布比较理想。

励磁绕组是用来产生主磁通的，用绝缘铜线绕制而成。当给励磁绕组通入直流电时，各主磁极均产生一定极性，相邻两主磁极的极性是 N、S 交替出现的。

2）换向极

两相邻主磁极之间的小磁极称为换向极，又称为附加极或间极，其作用是改善直流电机的换向，减小电机运行时电刷与换向器之间可能产生的火花。换向极由换向极铁芯和换向极绕组组成，换向极的铁芯比主磁极的简单，一般用整块钢板制成，在其上放置换向极绕组。换向极的数目与主磁极数相等。

3）机座

机座一般为铸钢件或由钢板焊接而成，具有足够的机械强度和良好的导磁性能。机座一方面用来固定主磁极、换向极和端盖，对整个电机起支撑和固定作用；另一方面也是电机主磁路的一部分，用于构成磁极之间的通路，磁通通过的部分称为磁轭。端盖固定于机座上，主要起支撑作用，其上放置轴承支撑直流电机的转轴，使直流电机能够旋转。

4）电刷装置

电刷装置是直流电机的重要组成部分，主要用于引入或引出直流电压和直流电流，通过该装置把电机电枢中的电流与外部电路相连或把外部电源与电机电枢相连。

电刷装置主要由电刷、刷握、刷杆、刷杆座及压紧弹簧片等组成。电刷一般由导电耐磨的石墨材料制成，放在刷握内，用弹簧压紧，使电刷与换向器之间有良好的滑动接触，如图 6-3 所示。刷握固定在刷杆上，刷杆固定在圆环形的刷杆座上，相互之间绝缘。刷杆座装在端盖或轴承内盖上，可以转动调整电刷在换向器表面上的位置，调好以后加以固定。刷辫的作用是将电流从电刷引入或引出。

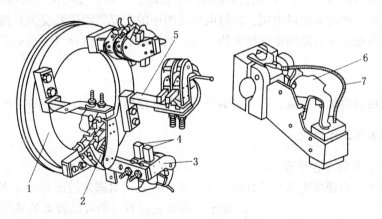

1—刷杆座；2—弹簧压板；3—刷杆；4—电刷；5—刷握；6—刷辫；7—压紧弹簧

图 6-3　电刷装置

2. 转子

转子又称电枢，主要由电枢铁芯、电枢绕组、换向器、转轴和风扇等组成。它的作用是产生电磁转矩或感应电动势，实现机电能量的转换。

1）电枢铁芯

电枢铁芯是直流电机主磁路的一部分，对放置在其上的电枢绕组起支撑作用。为了减小涡流和磁滞损耗，电枢铁芯常采用 0.35～0.5 mm 厚的相互绝缘的硅钢片冲制叠压而成。有时为了加强电机冷却，在电枢铁芯上冲制轴向通风孔，在较大型电机的电枢铁芯上还有排有径向通风槽，用通风槽将铁芯沿轴向分成数段。电枢铁芯沿圆周上有均匀分布的槽用以嵌放电枢绕组，电枢铁芯及冲片形状如图6-4所示。

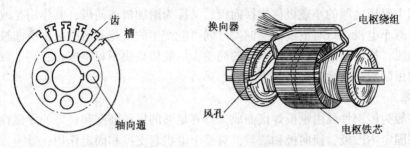

图6-4 电枢冲片和电枢铁芯

2）电枢绕组

电枢绕组是电机产生电磁转矩和感应电动势进行能量变换的关键部件。电枢线圈用绝缘的圆铜线或扁铜线绕制成一定的形状，放置于电枢铁芯槽中（线圈与槽之间有槽绝缘），并用非磁性槽楔封口，线圈的出线端按一定规律与换向器的换向片相连，构成电枢绕组。直流电机的电枢绕组多为双层绕组，线圈分上下两层嵌入铁芯槽内，上下层之间有层间绝缘。

3）换向器

换向器是由许多换向片组成的圆柱体，换向片之间用云母隔开，彼此绝缘，对于直流电动机，换向器配以电刷，将外加直流电源转换为绕组中的交变电流，使电机旋转起来；对于直流发电机，换向器配以电刷，能将电枢绕组中的交变电动势转变为直流电动势，向外部输出供给负载。换向器固定在转轴的一端，换向片靠近电枢绕组一端的部分与绕组引出线相焊接。

4）转轴

转轴一般用圆钢加工而成，有一定的机械强度和刚度，起转子旋转的支撑作用。

三、直流电机工作原理

1. 直流发电机的工作原理

图6-5所示为直流发电机的工作原理图，N和S是一对固定的磁极，为直流发电机的定子。磁极之间有一个可以转动的铁质圆柱体，称为电枢铁芯。abcd是固定在铁芯表面的电枢线圈，线圈和铁质圆柱体是直流发电机可转动部分，称为电机转子。线圈的首末端口 a、d 分别接到相互绝缘的两个弧形铜片上，弧形铜片称为换向片，它们的组合体称为换向器。在换向器上放置固定不动而与换向片滑动接触的电刷A和B，线圈abcd通过换向器和电刷接通外电路。在定子与转子间有间隙存在，称为空气隙，简称气隙。

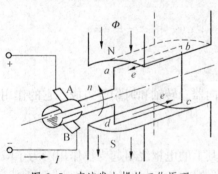

图6-5 直流发电机的工作原理

当有原动机拖动转子以一定的转速逆时针旋转时，根据电磁感应定律可知，导体 ab 和 cd 分别切割 N 极和 S 极下的磁感应线，将产生感应电动势。感应电动势的方向用右手定则确定。导体 ab 在 N 极下，感应电动势的方向由 b 指向 a；导体 cd 在 S 极下，感应电动势的方向由 d 指向 c，所以电刷 A 为正极性，电刷 B 为负极性。当线圈旋转 180°后，导体 cd 转至 N 极下，感应电动势的方向由 c 指向 d，电刷 A 与 d 所连换向片接触，仍为正极性；导体 ab 转至 S 极下，感应电动势的方向变为 a 指向 b，电刷 B 与 a 所连换向片接触，仍为负极性。

由上述分析可知，虽然直流发电机电枢线圈中的感应电动势的方向是交变的，但通过换向器和电刷的作用，电刷 A 的极性总为正，而电刷 B 的极性总为负，在电刷两端可获得方向不变的直流电动势。

实际直流发电机的线圈分布于电枢铁芯表面的不同位置上，并按照一定的规律连接起来，构成电机的电枢绕组。磁极也是根据需要 N、S 极交替放置多对。

2. 直流电动机工作原理

若把电刷 A、B 接到直流电源上，电刷 A 接电源的正极，电刷 B 接电源的负极，则线圈 abcd 中将有电流流过。此时，直流电机作电动机运行。

如图 6-6a 所示，在导体 ab 中，电流由 a 流向 b；在导体 cd 中，电流由 c 流向 d。载流导体 ab 位于 N 极下，cd 位于 S 极下，均处于 N 和 S 极之间的磁场中，导体受到电磁力的作用。电磁力的方向用左手定则确定，该电磁力与转子半径之积即为电磁转矩，转矩的方向为逆时针方向，使整个电枢逆时针方向旋转。当电枢旋转 180°，导体 cd 转到 N 极下，cd 中的电流变为由 d 流向 c；ab 转到 S 极下，ab 中的电流变为由 b 流向 a，如图 6-6b 所示。用左手定则判别可知，电磁转矩的方向仍是逆时针方向，线圈在此转矩作用下继续按逆时针方向旋转。

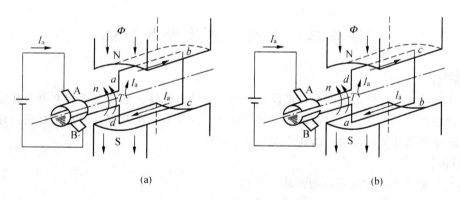

(a)　　　　　　　　　　　　　　(b)

图 6-6　直流电动机的基本工作原理

由上述分析可知，虽然导体中流过的电流为交变的，但由于换向器和电刷的作用，N 极下的导体受力方向和 S 极下导体所受力的方向并未发生变化，电枢产生的电磁转矩的方向恒定不变，电动机在此方向不变的转矩作用下转动。

同直流发电机相同，实际的直流电动机的电枢并非单一线圈，电枢圆周上均匀地嵌放许多线圈，相应地换向器由许多换向片组成，磁极也并非一对。

【习题】

一、填空题

1. 直流电机由_____和_____两部分构成。

2. 直流电机换向极的作用是_____。

3. 转子主要由_____、电枢绕组_____、_____和风扇等组成。

4. 主磁极是一种电磁铁，用于产生_____。

二、选择题

1. 直流电机中转子的作用是（　　　）。

A. 产生主磁通

B. 产生电磁转矩或感应电动势，实现机电能量的转换

C. 将外加直流电源转换为绕组中的交变电流

D. 以上说法都不对

2. 直流电机定子磁场是（　　　）。

A. 恒定磁场　　　　B. 脉振磁场　　　　C. 旋转磁场　　　　D. 匀强磁场

3. 直流电动机运行能量转换关键部件是（　　　）。

A. 电枢　　　　B. 电枢绕组　　　　C. 定子　　　　D. 换向器

三、简答题

试述直流电动机的工作原理。

任务二　三相交流异步电动机

【问题探究】

异步电动机是现代化生产中应用最广泛的一种动力机械，它使用三相电源，具有结构简单、价格便宜、运行可靠以及维护方便等优点，在工农业生产中得到广泛应用。你知道三相交流异步电动机的结构、工作原理及其应用吗？

【任务目标】

（1）了解三相异步电动机的用途、结构。

（2）理解三相异步电动机的工作原理。

【相关知识】

一、三相异步电动机的用途及铭牌

1. 三相异步电动机的用途

三相异步电动机由三相交流电源供电，主要用于提供动力，以驱动无特殊要求的各种机械设备，在工业方面被广泛应用于拖动各种机床、小型轧钢设备、起重机、鼓风机等；

农业方面被用来拖动水泵和其他副产品加工机械；日常生活中的电扇、冷冻机和各种医疗器械也都采用异步电动机。由于其结构简单、价格低廉、坚固耐用、使用维护方便，在电动机的使用中居首位，被广泛应用于机械、冶金、石油、煤炭、化学、航空、交通、农业及其他各行各业中。

2. 三相异步电动机的铭牌

在三相异步电动机的机座上均装有一块铭牌。铭牌上注明了该三相电动机的主要技术数据，供选择、安装和正确使用电动机时参考。以表6-1为例对电动机铭牌数据进行说明。

表6-1　三相异步电动机铭牌数据

型号 Y2-132S-4		功率 5.5 kW	电流 11.7 A
频率 50 Hz	电压 380 V	接法 △	转速 1440 r/min
防护等级 IP44	重量 68 kg	工作制 S1	F 级绝缘
××电机厂			

1）型号

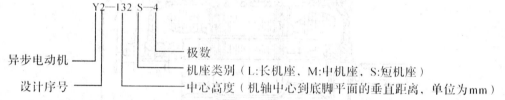

三相异步电动机按容量分类与中心高度有关。通常，中心高度在80～315 mm 的为小型电动机，中心高度在315～630 mm 的为中型电动机，630 mm 以上的为大型电动机。当中心高度相等时，机座长的由于铁芯长，所以相应的电动机容量也就较大。

2）额定电流 I_N

额定电流是指电动机在额定工作状态下运行时，流入定子绕组的线电流，用 I_N 表示，单位是 A。本例中 $I_N = 11.7$ A。

3）额定电压 U_N

额定电流是指电动机在额定工作状态下运行时，接到定子绕组的线电压，用 U_N 表示，单位是 V。本例中 $U_N = 380$ V。

4）额定功率 P_N

额定功率是指电动机在额定工作状态下运行时，允许输出的机械功率，用 P_N 表示，单位是 kW 或 W。本例中 $P_N = 5.5$ kW。

5）额定转速

额定转速是指电动机在额定工作状态运行时的转速，用 n_N 表示，它略小于对应的同步转速 n_1，单位为 r/min。本例中 $n_N = 1440$ r/min。

6）接法

接法指电动机定子三相绕组与交流电源的连接方法。

7）防护等级

防护等级是指电动机外壳防护的方式。IP11 是开启型，IP22、IP23 是防护型，IP44 是封闭型。

8）频率

频率是指电动机使用交流电源的频率，单位为 Hz。

9）绝缘等级

绝缘等级是指电动机所采用的绝缘材料的耐热能力，可分为 7 个等级，目前，国产电机使用的绝缘材料等级为 B、F、H、C 四个等级。

二、三相异步电动机的结构

三相异步电动机的种类很多，但各类三相异步电动机的基本结构是相同的，它们都由定子和转子这两大基本部分组成，在定子和转子之间具有一定的气隙。此外，还有端盖、轴承、接线盒、吊环等其他附件，如图 6-7 所示。

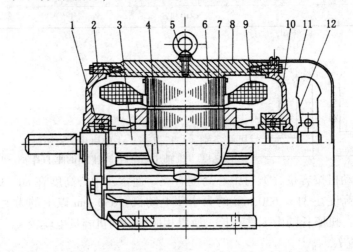

1—轴承；2—前端盖；3—转轴；4—接线盒；5—吊环；6—定子铁芯；7—转子；

8—机座；9—定子绕组；10—后端盖；11—风罩；12—风扇

图 6-7 封闭式三相笼型异步电动机的结构

1. 定子部分

定子是用来产生旋转磁场的，三相异步电动机的定子一般由外壳、定子铁芯、定子绕组等部分组成。

1）外壳

三相异步电动机外壳包括机座、端盖、轴承盖、接线盒及吊环等部件。

（1）机座由铸铁或铸钢浇铸成型，它的作用是保护和固定三相异步电动机的定子绕组。中、小型三相异步电动机的机座还有两个端盖支撑着转子，它是三相异步电动机机械结构的重要组成部分。通常，机座的外表要求散热性能好，所以一般都铸有散热筋。

（2）端盖由铸铁或铸钢浇铸成型，它的作用是把转子固定在定子内腔中心，使转子能够在定子中均匀地旋转。

（3）轴承盖是用铸铁或铸钢浇铸成型的，它的作用是固定转子，使转子不能轴向移动，另外还起到存放润滑油和保护轴承的作用。

（4）接线盒一般是用铸铁浇铸的，其作用是保护和固定绕组的引出线端子。

（5）吊环一般是用铸钢制造的，安装在机座的上端，用来起吊、搬抬电动机。

2）定子铁芯

三相异步电动机的定子铁芯是电动机磁路的一部分，由 0.35~0.5 mm 厚表面涂有绝缘漆的薄硅钢片叠压而成。由于硅钢片较薄而且片与片之间是绝缘的，所以减少了由于交变磁通通过而引起的铁芯涡流损耗。铁芯内圆有均匀分布的槽口，用来嵌放定子绕组，如图 6-8 所示。

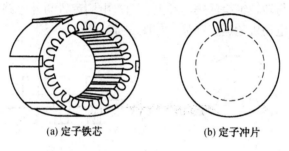

(a) 定子铁芯　　　　　　　(b) 定子冲片

图 6-8　定子铁芯及冲片示意图

3）定子绕组

定子绕组是三相异步电动机的电路部分，三相异步电动机有三相绕组，通入三相对称电流时，就会产生旋转磁场。三相绕组由 3 个彼此独立的绕组组成，且每个绕组又由若干线圈连接而成。每个绕组即为一相，每个绕组在空间上相差 120°电角度。线圈由绝缘铜导线或绝缘铝导线绕制。中小型三相异步电动机多采用圆漆包铜线，大中型三相异步电动机的定子线圈则用较大截面的绝缘扁铜线或扁铝线绕制后，再按一定规律嵌入定子铁芯槽内。定子三相绕组的 6 个出线端都引至接线盒上，首端分别标为 U_1、V_1、W_1，末端分别标为 U_2、V_2、W_2。这 6 个出线端在接线盒里的排列如图 6-9 所示，可以接成星形或三角形两种接法。

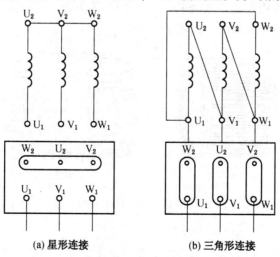

(a) 星形连接　　　　　　　(b) 三角形连接

图 6-9　定子绕组的连接

2. 转子部分

1) 转子铁芯

转子铁芯由 0.5 mm 厚的硅钢片叠压而成，套在转轴上，作用和定子铁芯相同，一方面作为电动机磁路的一部分，另一方面用来安放转子绕组。

2) 转子绕组

三相异步电动机的转子绕组分为绕线型与笼型两种，由此分为绕线转子异步电动机与笼型异步电动机。

（1）绕线型绕组。与定子绕组一样也是一个三相绕组，一般接成星形，三相引出线分别接到转轴上的 3 个与转轴绝缘的集电环上，通过电刷装置与外电路相连，可以在转子电路中串接电阻以改善电动机的运行性能，如图 6-10 所示。

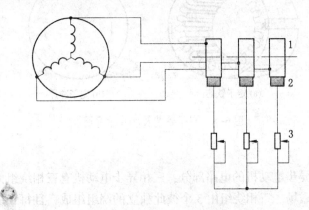

1—集电环；2—电刷；3—变阻器

图 6-10　绕线型转子与外加变阻器的连接

（2）笼型绕组。在转子铁芯的每一个槽中插入一根铜条，在铜条两端各用一个铜环（称为端环）把导条连接起来，称为铜排转子，如图 6-11a 所示。也可用铸铝的方法把转子导条和端环风扇叶片用铝液一次浇铸而成，称为铸铝转子，如图 6-11b 所示。100 kW 以下的三相异步电动机一般采用铸铝转子。

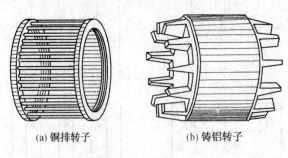

(a) 铜排转子　　　(b) 铸铝转子

图 6-11　笼型转子绕组

3. 其他部分

其他部分包括端盖、风扇等。端盖除了起防护作用外，在端盖上还装有轴承，用以支撑转子转轴。风扇则用来通风冷却电动机。三相异步电动机的定子与转子之间的空气隙一般仅为 0.2~1.5 mm。气隙太大，电动机运行时的功率因数降低；气隙太小，使装配困难，运行不可靠，高次谐波磁场增强，从而使附加损耗增加和使启动性能变差。

三、三相异步电动机的基本工作原理

三相交流电通入定子绕组后，便形成了一个旋转磁场，其转速为 $n_1 = \dfrac{60f}{p}$。旋转磁场的磁力线被转子导体切割，根据电磁感应原理，转子导体产生感应电动势。转子绕组是闭合的，则转子导体有电流流过。设旋转磁场按顺时针方向旋转，且某时刻上为北极 N，下为南极 S，如图 6-12 所示。由于定子产生的旋转磁场与转子绕组之间存在相对运动，根据右手定则，在上半部转子导体的电动势和电流方向由里向外，用 ⊙ 表示；在下半部则由外向里，用 ⊕ 表示。

流过电流的转子导体在磁场中要受到电磁力作用，力 F 的方向可用左手定则确定，如图 6-12 所示。电磁力作用于转子导体上，对转轴形成电磁转矩，使转子按照旋转磁场的方向旋转起来，转速为 n。

三相异步电动机的转子转速 n 始终不会加速到旋转磁场的转速 n_1（同步转速）。因为只有这样，转子绕组与旋转磁场之间才会有相对运动而切割磁力线，转子绕组导体中才能产生感应电动势和电流，从而产生电磁转矩，使转子按照旋转磁场的方向继续旋转。由此可见 $n \neq n_1$，是异步电动机工作的必要条件，"异步"的名称由此而来。所以把这类电动机称作异步电动机，又因为这种电动机是应用电磁感应原理制成的，所以也称感应电动机。

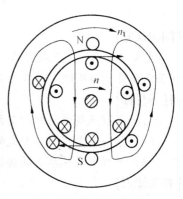

图 6-12　三相异步电动机的
转动原理示意图

【习题】

一、填空题

1. 三相异步电动机的定子是用来产生＿＿＿＿＿＿，一般由外壳、定子铁芯等部分组成。

2. 型号 Y2-132M-4 的三相异步电动中的 4 代表的意义是＿＿＿＿＿＿。

3. 电动机是应用＿＿＿＿＿＿原理制成的，所以也叫感应电动机。

二、选择题

1. 异步电动机旋转磁场的转向与（　　　）有关。

A. 电源频率　　　　B. 转子转速　　　　C. 电源相序

2. 三相异步电动机形成旋转磁场的条件是（　　　）。

A. 在三相绕组中通以任意的三相电流

B. 在三相对称绕组中通以三个相等的电流

C. 在三相对称绕组中通以三相对称的正弦交流电流

三、简答题

1. 三相异步电动机有什么用途？

2. 试述三相异步电动机的工作原理。

任务三 电机的选用

【问题探究】

电动机的种类、规格繁多，功能各异。在选用电动机时要考虑电源哪些因素呢？注意哪些问题呢？如果你是一名电工，如何根据生产、生活实际选择合适电机呢？

【任务目标】

（1）了解选择电动机种类的要求。

（2）掌握电动机结构形式的选择原则。

（3）掌握电动机参数的选择原则。

【相关知识】

电动机种类、规格繁多，功能各异，选用电动机时要全面考虑电源的电压、频率、负载及使用的环境等多方面的因素，必须与电动机的铭牌相符。

一、电动机的种类选择

选择电动机种类应在满足生产机械对拖动性能的要求下，优先选用结构简单、运行可靠、维护方便、价格便宜的电动机。电动机种类选择时应考虑的主要内容有：

（1）电动机的机械特性应与所拖动生产机械的机械特性相匹配。

（2）电动机的调速性能（调速范围、调速的平滑性、经济性）应该满足生产机械的要求。对调速性能的要求在很大程度上决定了电动机的种类、调速方法以及相应的控制方法。

（3）电动机的启动性能应满足生产机械对电动机启动性能的要求，电动机的启动性能主要是启动转矩的大小，同时还应注意电网容量对电动机启动电流的限制。

（4）电源种类。在满足性能的前提下应优先采用交流电动机。

（5）经济性。一是电动机及其相关设备（如：启动设备、调速设备等）的经济性；二是电动机拖动系统运行的经济性，主要是要效率高，节省电能。

目前，各种形式的异步电动机在我国应用非常广泛，用电量约占总发电量的60%，因此提高异步电动机运行效率所产生的经济效益和社会效益是巨大的。在选用电动机时，以上几个方面都应考虑到并进行综合分析以确定出最终方案。

随着电动机的控制技术的发展，交流电动机拖动系统的运行性能越来越高，使得电动机在一些传统应用领域发生了很大变化，例如，原来使用直流电动机调速的一些生产机械，现在则改用可调速的交流电动机系统并具有同样的调速性能。

二、电动机结构形式的选择

电动机的安装方式有卧式和立式两种。卧式安装时电动机的转轴处于水平位置，立式安装时转轴则为垂直地面的位置。两种安装方式的电动机使用的轴承不同，一般情况下采用卧式安装。电动机的工作环境是由生产机械的工作环境决定的。在很多情况下，电动机工作场所的空气中含有不同分量的灰尘和水分，有的还含有腐蚀性气体甚至含有易燃易爆气体；有的电动机则要在水中或其他液体中工作。灰尘会使电动机绕组黏结上污垢而妨碍散热；水分、瓦斯、腐蚀性气体等会使电动机的绝缘材料性能退化，甚至会完全丧失绝缘能力；易燃、易爆气体与电动机内产生的电火花接触时将有发生燃烧、爆炸的危险。因此，为了保证电动机能够在其工作环境中长期安全运行，必须根据实际环境条件合理地选择电动机的防护方式。电动机的外壳防护方式有开启式、防护式、封闭式和防爆式几种。

（1）开启式。开启式电动机的定子两侧与端盖上都有很大的通风口，其散热条件好，价格便宜，但灰尘、水滴、铁屑等杂物容易从通风口进入电动机内部，因此只适用于清洁、干燥的工作环境。

（2）防护式。防护式电动机在机座下面有通风口，散热较好，可防止水滴、铁屑等杂物从与垂直方向成小于45°角的方向落入电动机内部，但不能防止潮气和灰尘的侵入，因此适用于比较干燥、少尘、无腐蚀性和爆炸性气体的工作环境。

（3）封闭式。封闭式电动机的机座和端盖上均无通风孔，是完全封闭的。这种电动机仅靠机座表面散热，散热条件不好。封闭式电动机又可分为自冷式、自扇冷式、他扇冷式、管道通风式以及密封式等。对前四种，电动机外的潮气、灰尘等不易进入其内部，因此多用于灰尘多、潮湿、易受风雨、有腐蚀性气体、易引起火灾等各种较恶劣的工作环境。密封式电动机能防止外部的气体或液体进入其内部，因此适用于在液体中工作的生产机械，如潜水泵。

（4）防爆式。防爆式电动机是在封闭式结构的基础上制成隔爆形式，机壳有足够的强度，适用于有易燃、易爆气体的工作环境，如有瓦斯的煤矿井下、油库、煤气站等场合。

三、电动机参数的选择

1. 电动机额定电压的选择

电动机的电压等级、相数、频率都要与供电电源一致。因此，电动机的额定电压应根据其运行场所的供电电网的电压等级来确定。

我国的交流供电电源，低压通常为380 V，高压通常为3 kV、6 kV或10 kV。中等功率（约200 kW）以下的交流电动机，额定电压一般为380 V；大功率的交流电动机，额定电压一般为3 kV或6 kV；额定功率为1000 kW以上的电动机，额定电压可以是10 kV。需要说明的是，笼式异步电动机在采用Y-△降压启动时，应该选用额定电压为380 V、三角形接法的电动机。

直流电动机的额定电压一般为 110 V、220 V、440 V，最常用的电压等级为 220 V。直流电动机一般由单独的电源供电，选择额定电压时通常只要考虑与供电电源配合即可。

2. 电动机额定转速的选择

对电动机本身来说，额定功率相同的电动机，额定转速越高，体积就越小，造价就越低，效率也越高，转速较高的异步电动机的功率因数也较高，所以选用额定转速较高的电动机，从电动机角度看是合理的。但是，如果生产机械要求的转速较低，那么选用较高转速的电动机时，就需要增加一套传动比较高、体积较大的减速传动装置。因此，在选择电动机的额定转速时，应综合考虑电动机和生产机械两方面的因素来确定。

（1）对不需要调速的高、中速生产机械（如泵、鼓风机），可选择相应额定转速的电动机，从而省去减速传动机构。

（2）对不需要调速的低速生产机械（如球磨机、粉碎机），可选用相应的低速电动机或者传动比较小的减速机构。

（3）对经常启动、制动和反转的生产机械，选择额定转速时则应主要考虑缩短启、制动时间以提高生产率。启、制动时间的长、短主要取决于电动机的飞轮矩和额定转速，应选择较小的飞轮矩和额定转速。

（4）对调速性能要求不高的生产机械，可选用多速电动机或者选择额定转速稍高于生产机械的电动机配以减速机构，也可以采用电气调速的电动机拖动系统。在可能的情况下，应优先选用电气调速方案。

（5）对调速性能要求较高的生产机械，应使电动机的最高转速与生产机械的最高转速相适应，直接采用电气调速。

任务四　异步电动机绝缘电阻的测定

【问题探究】

电气设备绝缘性能关系到电气设备的正常运行和操作人员的人身安全。设备检查修复后，需要测量其绝缘电阻，作为一名电工，如何正确使用兆欧表？如何测定异步电动机的绝缘电阻？

【任务目标】

（1）掌握兆欧表的用途、使用方法及注意事项。

（2）会使用兆欧表测定异步电动机的绝缘电阻。

【相关知识】

一、认识兆欧表

兆欧表是专供用来检测电气设备、供电线路的绝缘电阻的一种便携式仪表。电气设备绝缘性能的好坏，关系到电气设备的正常运行和操作人员的人身安全。为了防止绝缘材料由于发热、受潮、污染、老化等原因所造成的损坏，为便于检查修复后的设备绝缘性能是否达到规定的要求，都需要经常测量其绝缘电阻。兆欧表主要有 500 V、1000 V、2500 V 等几种，外形如图 6-13 所示。

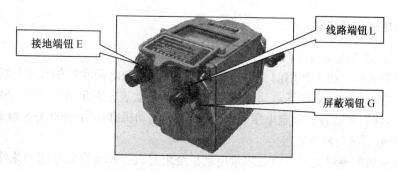

图 6-13　ZC25 型兆欧表外形

二、兆欧表的使用及注意事项

1. 使用方法

兆欧表有 3 个接线端钮，其中 L 表示"线"，E 表示"地"，G 表示"保护环"（屏蔽接线端钮）。测量电缆的绝缘电阻时使用保护环 G，以避免被测电缆或设备表面漏电影响测量结果；测量线路对地的绝缘电阻时，兆欧表接线端 L 接线路的导线，E 端接地；测量电动机绕组对地（外壳）的绝缘电阻时，兆欧表接线端 L 与绕组端子连接，E 端接电动机外壳；测量电动机的相间绝缘电阻时，L 端和 E 端分别与各相接线端子相接；测量电缆的对地绝缘电阻时，L 接电缆芯线，E 接电缆表皮，G 接绝缘层，其他电气设备的接线，可参照这些设备的接线类推。

2. 注意事项

（1）兆欧表放置应平稳，避免表身晃动。

（2）手柄转速以每分钟 120 转左右为宜，切忌忽快忽慢。

（3）绝缘电阻随测量时间的长短而不同，一般以手柄稳定转速下持续 1 min 之后的读数为准。

（4）测量时，如果发现被测设备的绝缘电阻等于零，应立即停止摇转手柄，以免损坏兆欧表。

（5）在兆欧表没有停止摇转和设备没有对地放电之前，切勿触及测量部分和兆欧表的接线端钮，以免触电。

（6）测量完毕，应将被测设备对地放电。

【实操训练】

异步电动机绝缘电阻的测定方法

一、训练目的

通过实操，掌握利用兆欧表测定异步电动机的绝缘电阻。

二、实训器材

三相交流异步电动机、兆欧表。

三、实施过程及步骤

1. 选择合适电压等级的兆欧表

电动机修理后，投入使用前，用兆欧表测量各相绕组之间和各相绕组与机壳之间的绝缘电阻。额定电压 500 V 以下电动机可采用 500 V 兆欧表，额定电压 500~3000 V 的电动机应选用 1000 V 兆欧表，额定电压 3000 V 以上的电动机宜选用 2500 V 兆欧表。

2. 测量电动机的绝缘电阻

测量电动机的绝缘电阻，就是测量电动机绕组对机壳和绕组相互间的绝缘电阻。各相绕组的始末端（首尾端）均引出机壳外，应断开各相之间的连接线或连接片，先分别测量每相绕组之间的绝缘电阻，如图 6-14 所示，即相间的绝缘电阻（三次）；然后测量各相绕组对地的绝缘电阻，即相地间的绝缘电阻（三次）。对于常用的 500 V 及以下的低压电动机，以及修复后或全部更换绕组的电动机，要求其绝缘电阻在室温（冷态）下不得低于 5 MΩ 以上为合格。

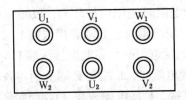

图 6-14 电动机绕组

【习题】

一、填空题

1. 兆欧表是专供用来检测电气设备、供电线路_____的一种便携式仪表。

2. 兆欧表有 3 个接线端钮，其中 L 表示_____，E 表示_____，G 表示_____。

二、判断题

1. 对于常用的 500 V 及以下的低压电动机，以及修复后或全部更换绕组的电动机，要求其绝缘电阻在室温（冷态）下不得低于 10 MΩ 以上为合格。（   ）

2. 在使用兆欧表时，手柄转速以每分钟 120 转左右为宜，切忌忽快忽慢。（   ）

3. 电动机的电压等级、相数、频率不一定与供电电源一致。（   ）

三、简答题

简述用兆欧表测定异步电动机绝缘电阻的方法。

项目七 机床滑台的自动往返控制——三相异步电动机的基本电气控制电路

【项目描述】

在各种机械设备和家用电器中，绝大部分采用电动机作为动力源，因此，熟悉和掌握各种常用电动机的典型控制电路，对正确使用电气设备及进行故障处理是非常必要的。按照电气原理图制作三相异步电动机控制线路，进行调试、试车和排除故障是低压安装维修电工必须具备的能力。本项目主要介绍低压电器的用途、基本结构；电气控制电路图的绘制方法及原则；三相异步电动机的基本控制电路；可编程控制器（PLC）。本项目的技能训练旨在加强对典型控制电路的掌握。

【项目目标】

（1）了解低压电器的用途、基本结构及图形符号、文字符号。

（2）了解电气控制电路图的绘制方法及原则。

（3）掌握三相异步电动机的点动、正反转控制及机床滑台的自动往返控制原理、线路安装及常见故障检修。

（4）了解可编程控制器（PLC）的功能。

任务一 常用低压电器

【问题探究】

在我们的生产、生活中，都用到了哪些低压电器？这些低压电器的作用是什么呢？它们的图形符号、文字符号大家知道吗？

【任务目标】

（1）了解常用低压电器的用途。

（2）掌握低压电器的图形符号与文字符号。

【相关知识】

凡是对电能的生产、输送、分配和应用起到切换、控制、调节、检测以及保护等作用的电工器械，均称为电器。低压电器通常是指在交流 1200 V 及以下、直流 1500 V 及以下的电路中使用的电器。机床电气控制线路中使用的电器多数属于低压电器。

一、主令电器

主令电器是用作切换控制电路，以发出指令或作程序控制的操纵电器。常用来控制电力拖动系统中电动机的起动、停车、调速及制动等。

（一）按钮

1. 用途

按钮是一种手动操作接通或断开小电流控制电路的主令电器。它不直接控制主电路的通断，而是利用按钮远距离发出手动指令或信号去控制接触器、继电器等，实现主电路的通断、功能转换或电气联锁。

2. 结构

按钮的外形和结构如图7-1所示，主要由静触点、动触点、复位弹簧、按钮帽、外壳等组成。

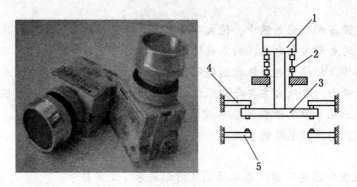

1—按钮帽；2—复位弹簧；3—桥式静触头；4—常闭静触头；5—常开静触头

图7-1　按钮的外形和结构

3. 图形符号及文字符号

按钮的图形符号及文字符号如图7-2所示。

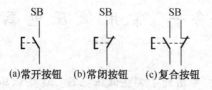

(a)常开按钮　(b)常闭按钮　(c)复合按钮

图7-2　按钮的图形及文字符号

（二）行程开关

1. 用途

行程开关又称位置开关或限位开关。它的作用与按钮相同，只是其触点的动作不是靠手动操作，而是利用生产机械某些运动部件上的挡铁碰撞其滚轮使触头动作来实现接通或分断电路的。

2. 结构

行程开关主要由操作机构、触头系统和外壳三部分组成。行程开关的外形及结构如图7-3所示。

3. 图形符号及文字符号

行程开关的图形符号及文字符号如图7-4所示。

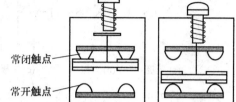

图 7-3 行程开关的外形及结构

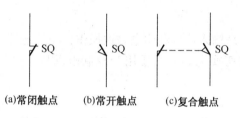

(a)常闭触点　　(b)常开触点　　(c)复合触点

图 7-4 行程开关的图形符号及文字符号

二、电源开关

常用的电源开关是刀开关。

1. 作用

刀开关是一种手动电器，在低压电路中用于不频繁地接通和分断电路，或用于隔离电源，故又称"隔离开关"。

2. 结构

刀开关的外形和结构如图 7-5 所示，主要由瓷质手柄、动触点、出线座、瓷底座、静触点、进线座、胶盖紧固螺钉、胶盖等组成。

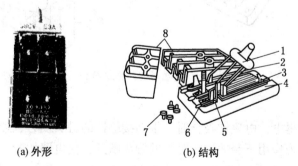

(a) 外形　　　　　　(b) 结构

1—瓷质手柄；2—动触点；3—出线座；4—瓷底座；5—静触点；

6—进线座；7—胶盖紧固螺钉；8—胶盖

图 7-5 HK 系列刀开关

3. 图形符号和文字符号

刀开关的图形符号和文字符号如图 7-6 所示。

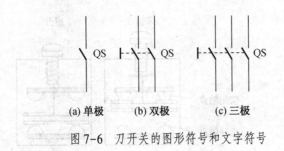

(a) 单极　　　　(b) 双极　　　　(c) 三极

图7-6　刀开关的图形符号和文字符号

三、交流接触器

1. 作用

接触器是一种根据外来输入信号利用电磁铁操作，频繁地接通或断开交、直流主电路及大容量控制电路的自动切换电器。主要用于控制电动机、电焊机、电热设备、电容器组等。

2. 结构

交流接触器主要由电磁机构（包括电磁线圈、铁心和衔铁）、触头系统（主触头和辅助触头）、灭弧装置及其他部分组成。如图7-7所示。

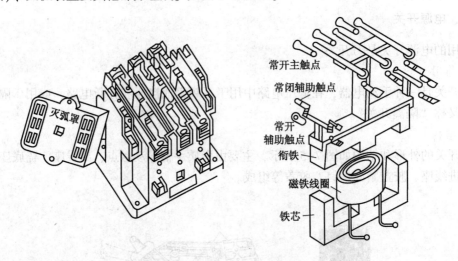

图7-7　接触器的外形及结构

3. 工作原理

当接触器的线圈得电，电磁铁吸合时，带动接触器的触头闭合，使电路接通。线圈失电时，电磁铁在弹簧力作用下释放，接触器的触头断开，使电路切断。

4. 图形符号及文字符号

交流接触器的图形符号及文字符号如图7-8所示。

四、控制用继电器

继电器是一种根据电量或非电量（如电压、电流、转速、时间等）的变化，接通或断

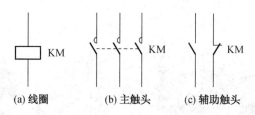

(a) 线圈   (b) 主触头   (c) 辅助触头

图 7-8　接触器的图形符号及文字符号

开控制电路，实现自动控制和保护电力拖动装置的电器。一般情况下不直接控制电流较强的主电路，而是通过接触器或其他电器对主电路进行控制。

（一）中间继电器

1. 用途

中间继电器是用来传递信号或同时控制多个电路，也可直接用它来控制小容量电动机或其他电气执行元件。在继电保护装置中，中间继电器用于增加触点数量和触点容量，可使触点瞬时或带有不大的延时动作以满足保护的需要。

2. 结构

中间继电器的外形及结构如图 7-9 所示，主要由铁芯、衔铁、常开触点、常闭触点、反作用弹簧、线圈、缓冲弹簧等组成。

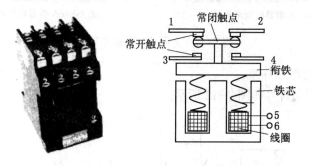

图 7-9　中间继电器的外形及结构

3. 图形符号

中间继电器的图形符号如图 7-10 所示。

（二）时间继电器

1. 作用

在自动控制系统中，有时需要继电器得到信号后不立即动作，而是要顺延一段时间后再动作并输出控制信号，以达到按时间顺序进行控制的目的。时间继电器就能实现这种功能。

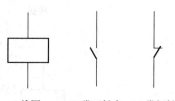

(a) 线圈　(b) 常开触点　(c) 常闭触点

图 7-10　中间继电器的图形文字符号

2. 分类

时间继电器按工作原理分可分为电磁式、空气阻尼式（气囊式）、晶体管式、单片机控制式等。其外形如图 7-11 所示。

(a) AH3-1 电子式时间继电器

(b) JQX-13F 小型继电器

(c) JSS14A 数显时间继电器

(d) JSS26A 数显时间继电器

图 7-11　时间继电器的外形

3. 时间继电器的图形符号

时间继电器的图形符号如图 7-12 所示。

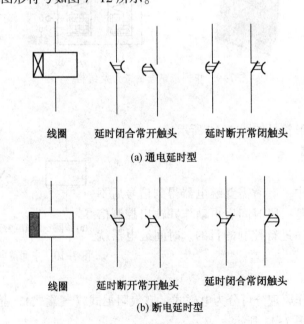

图 7-12　时间继电器的图形符号

对于通电延时型时间继电器，当线圈得电时，其延时动合触头要延时一段时间才闭合，延时动断触头要延时一段时间才断开。当线圈失电时，其延时动合触头迅速断开，延时动断触头迅速闭合。

对于断电延时型时间继电器，当线圈得电时，其延时动合触头迅速闭合，延时动断触头迅速断开。当线圈失电时，其延时动合触头要延时一段时间再断开，延时动断触头要延时一段时间再闭合。

五、保护电器

（一）熔断器

1. 作用

熔断器是一种结构简单、使用方便、价格低廉、控制有效的短路保护电器。

2. 结构

熔断器主要由熔体（俗称保险丝）和安装熔体的熔管（或熔座）组成。

3. 工作原理

熔断器的熔体与被保护的电路串联，当电路正常工作时，熔体允许通过一定大小的电流而不熔断。当电路发生短路或严重过载时，熔体中流过很大的故障电流，当电流产生的热量使熔体温度升高达到熔点时，熔体熔断并切断电路，从而达到保护的目的。

4. 熔断器的分类

熔断器的类型很多，按结构形式可分为插入式熔断器、螺旋式熔断器、封闭管式熔断器、快速熔断器和自复式熔断器等。熔断器的外形如图 7-13 所示。

(a) 螺旋式熔断器　　　(b) 圆筒形帽熔断器　　　(c) 螺栓连接熔断器

图 7-13　熔断器的外形

5. 图形符号及文字符号

熔断器的图形符号及文字符号如图 7-14 所示。

（二）热继电器

1. 作用

热继电器主要用于过载、缺相及三相电流不平衡的保护。

2. 热继电器的结构

热继电器的外形和结构如图 7-15 所示。

图 7-14　熔断器的图形
符号及文字符号

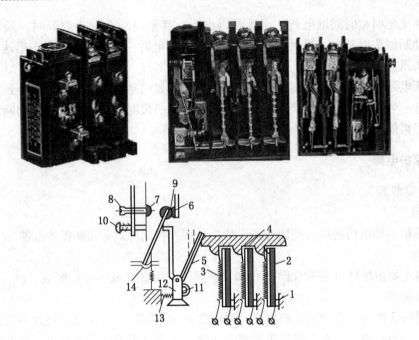

1—双金属片固定支点；2—双金属片；3—热元件；4—导板；5—补偿双金属片；6—常闭触点；

7—常开触点；8—复位螺钉；9—动触点；10—复位按钮；11—调节旋钮；12—支撑；13—压簧；14—推杆

图 7-15 热继电器的外形和结构

3. 工作原理

热继电器由两种膨胀系数不同的金属片辗压而成。当串联在电动机定子绕组中的热元件有电流流过时，热元件产生的热量使双金属片伸长，由于膨胀系数不同，致使双金属片发生弯曲。电动机正常运行时，双金属片的弯曲程度不足以使热继电器动作。但是当电动机过载时，流过热元件的电流增大，加上时间效应，就会加大双金属片的弯曲程度，最终使双金属片推动导板，使热继电器的触点动作，切断电动机的控制电路。

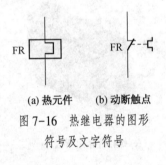

(a) 热元件   (b) 动断触点

图 7-16 热继电器的图形
符号及文字符号

4. 图形符号及文字符号

热继电器的图形符号及文字符号如图 7-16 所示。

🔘 **知识拓展**

自动空气开关

自动空气开关又称自动空气断路器，是低压配电网络和电力拖动系统中非常重要的一种电器，它集控制和多种保护功能于一身。因此，在工业、住宅等方面获得广泛应用，如图 7-17 所示。

自动空气开关具有过载和短路两种保护功能，当电路发生过载、短路、失压等故障时能自动跳闸，正常情况下可以用来不频繁的接通和断开电路以及控制电机的启动和停止，同时也可以用于不频繁地启动电动机。

　　自动空气开关具有操作安全，使用方便，工作可靠，安装简单，动作后（如短路故障排除后）不需要更换元件（如熔体）等优点。

图 7-17　自动空气开关的外形

【习题】

一、填空题

1. 低压电器通常是指在交流_____及以下、直流_____及以下的电路中使用的电器。

2. 熔断器的作用是_____。

3. 熔断器中的主要元件是_____。

二、判断题

1. 接触器可以频繁地接通或断开交、直流主电路及大容量控制电路的自动切换电器。（　　）

2. 热继电器主要用于电路的短路保护。（　　）

3. 继电器可以直接控制电流较强的主电路。（　　）

三、简答题

1. 试述热继电器的工作原理。

2. 接触器由哪几部分组成，其作用是什么？

任务二　识读电气控制电路图

【问题探究】

　　在生产实践中，我们会接触到各种各样的电气控制电路图，而且随着各种电气设备品种的不断增加，电气控制电路越来越复杂，其电气控制电路图也越来越复杂，因此看图的难度越来越大，作为一名电工怎样识读电气控制电路图，请大家思考。

【任务目标】

（1）了解电气常用的图形符号和文字符号。

（2）掌握电气绘图的原则。

【相关知识】

一、电气常用的图形符号和文字符号

1. 图形符号

图形符号通常用于图纸或其他文件，用以表示一个设备或概念的图形、标记或字符。电气控制系统图中的图形符号必须按国家标准绘制。

2. 文字符号

文字符号分为基本文字符号和辅助文字符号。文字符号适用于电气领域中技术文件的编制，也可表示在电气设备、装置和元件上或其近旁，以标明它们的名称、功能、状态和特征。

3. 主电路各接点标记

三相交流电源引入线采用 L1、L2、L3 或 X1、X2、X3 标记。电源开关之后的三相交流电源主电路分别按 U、V、W 顺序标记。分级三相交流电源主电路采用三相文字代号 U、V、W 的前边加上阿拉伯数字 1、2、3 等来标记，如 1U、1V、1W；2U、2V、2W 等。

二、绘图原则

生产机械电气控制电路常用电气原理图、接线图和布置图来表示。

1. 电气原理图

电气原理图是根据生产机械运动形式对电气控制系统的要求，采用国家统一规定的电气图形符号和文字符号，按照电气设备和电器的工作顺序，详细表示电路、设备或成套装置的全部基本组成和连接关系，而不考虑其实际位置的一种简图。

电气原理图能充分表达电气设备和电器的用途、作用和工作原理，是电气电路安装、调试和维修的理论依据。

绘制、识读电气原理图时应遵循以下原则：

（1）电气原理图一般分电源电路、主电路、控制电路、信号电路及照明电路绘制。

①电气原理图画成水平线，三相交流电源相序 L1、L2、L3 由上而下依次排列画出，中线 N 和保护地线 PE 依次画在相线之下。直流电源的"+"端在上，"−"端在下画出。电源开关要水平画出。

②主电路是指受电的动力装置及控制、保护电器，主要是由主熔断器、接触器的主触点、热继电器的热元件及电动机等组成。它通过的电流是电动机的工作电流，电流较大。主电路要垂直电源电路画在原理图的左侧。

③控制电路是指控制主电路工作状态的电路；信号电路是显示主电路工作状态的电路；照明电路是提供机床设备局部照明的电路，是由主令电器的触点、接触器线圈及辅助触点、继电器线圈及触点、指示灯和照明灯等组成。辅助电路通过的电流都较小。画电路

图时，控制电路、信号电路和照明电路要跨接在两相电源线之间，依次垂直画在主电路图的右侧，并且电路中的耗能元件（如接触器和继电器的线圈、信号灯、照明灯等）要画在电路图的下方，而电器的触点要画在耗能元件的上方。

（2）电气原理图中，各电器的触点位置都按电路未通电或电器未受外力作用时的常态位置画出。分析原理时，应从触点的常态位置出发。

（3）电气原理图中，各电气元件不画实际的外形图，而采用国家规定的统一电气图形符号画出。

（4）电气原理图中，同一电器的各元件不按它们的实际位置画在一起，而是按其在电路中所起的作用分画在不同电路中，但它们的动作却是相互关联的，必须标注相同的文字符号。若图中相同的电器较多时，需要在电器文字符号后面加注不同的数字，以示区别，如 KM1、KM2 等。

（5）画电气原理图时，应尽可能减少线条和避免线条交叉。对有直接电联系的交叉导线连接点，要用小黑圆点表示；无直接电联系的交叉导线连接点则不画小黑圆点。

2. 接线图

接线图是根据电气设备和电气元件的实际位置和安装情况绘制的，只用来表示电气设备和电气元件的位置、配线方式和接线方式，而不明显表示电气动作原理。主要用于安装接线、电路的检查维修和故障处理。

绘制、识读接线图应遵循以下原则。

（1）接线图中一般要标注如下内容：电气设备和电气元件的相对位置、文字符号、端子号、导线号等。

（2）所有的电气设备和电气元件都按其所在的实际位置绘制在图纸上，并且同一电器的各元件根据其实际结构，使用与电路图相同的图形符号画在一起，并用点画线框上，其文字符号及接线端子的编号应与电路图中的标注一致，以便对照检查接线。

（3）接线图中的导线有单根导线、导线组、电缆等之分，可用连续线和中断线来表示。凡导线走向相同的可以合并，用线束来表示，到达接线端子板或电气元件的连接时再分别画出，在用线束来表示导线组、电缆等时，可用加粗的线条表示，在不引起误解的情况下也可采用部分加粗；另外，导线及管子的型号、根数和规格应标注清楚。

3. 布置图

布置图是根据电气元件在控制板上的实际安装位置，采用简化的外形符号（如正方形、矩形、圆形等）而绘制的一种简图。它不表达各电器的具体结构、作用、接线及工作原理，主要用于电气元件的布置和安装。图中各电器的文字符号必须与电路接线图的标注相一致，在实际应用中，电路图、接线图和布置图要结合起来使用。

【习题】

一、填空题

1. 生产机械电气控制电路常用_____图、接线图和_____图来表示。

2. 接线图中一般要标注如下内容：电气设备和电气元件的相对位置、_____符号、_____号、_____号等。

3. 主电路是指受电的动力装置及控制、保护电器，主要是由主熔断器、接触器的主触点、热继电器的热元件及＿＿＿＿＿＿等组成。

4. 主电路通过的电流是电动机的工作电流，电流较＿＿＿＿＿。

5. 文字符号分为＿＿＿＿＿符号和＿＿＿＿＿符号。

二、判断题

1. 绘制电气原理图时，必须采用国家统一规定的电气图形符号和文字符号。（　　　）

2. 在电气原理图中，同一电器的各元件必须按它们的实际位置画在一起。（　　　）

3. 在实际应用中，电路图、接线图和布置图要结合起来使用。（　　　）

4. 画电气原理图时，应尽可能减少线条和避免线条交叉。（　　　）

三、简答题

在电气原理图中，控制电路有什么作用？

任务三　三相异步电动机的基本控制电路

【问题探究】

（1）假如你毕业后是一名企业的电工，需要你安装电动机连续运行控制电路，你能做到吗？

（2）假如你毕业后是一名企业的电工，需要你安装电动机正、反转运行控制电路，你能做到吗？

【任务目标】

（1）掌握三相异步电动机点动、连续及正、反转控制电路的组成。

（2）掌握三相异步电动机点动、连续及正、反转控制电路的工作原理。

（3）了解联锁的作用与方法。

（4）能依据电气原理图正确进行接线安装。

【相关知识】

一、电动机的点动与连续运转控制

1. 点动正转控制电路

点动正转控制电路是用按钮、接触器来控制电动机运转的最简单的正转控制电路，如图 7-18 所示。

点动正转控制电路的工作原理如下：

首先合上电源开关 QF。

启动：按下 SB→KM 线圈得电→KM 主触点闭合→电动机 M 启动运转。

停止：松开 SB→KM 线圈失电→KM 主触点分断→电动机 M 失电停转。停止使用时，断开电源开关 QF。

2. 自锁正转控制电路

自锁正转控制电路是用按钮、接触器来控制电动机运转的正转控制电路，如图 7-19 所示。三相异步电动机的自锁控制电路的主电路和点动控制的主电路大致相同，但在控制电路中又串接了一个停止按钮 SB2，在启动按钮 SB1 的两端并接了接触器 KM 的一对常开辅助触点。接触器自锁正转控制电路不但能使电动机连续运转，而且还具有欠压和失压（或零压）保护作用。它主要由按钮开关 SB、交流接触器 KM、热继电器等组成。

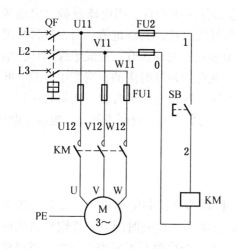

图 7-18　点动正转控制电路

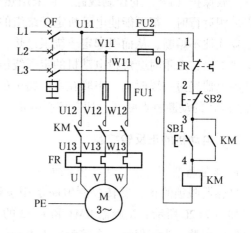

图 7-19　自锁正转控制电路

1）欠压保护

"欠压"是指电路电压低于电动机应加的额定电压。"欠压保护"是指电路电压下降到某一数值时，电动机能自动脱离电源电压停转，避免电动机在欠压下运行的一种保护。因为当电路电压下降时，电动机的转矩随之减小，电动机的转速也随之降低，从而使电动机的工作电流增大，影响电动机的正常运行，电压下降严重时还会引起"堵转"（即电动机接通电源但不转动）的现象，以致损坏电动机。采用接触器自锁正转控制电路就可避免电动机欠压运行，这是因为当电路电压下降到一定值（一般指低于额定电压 85% 以下）时，接触器线圈两端的电压也同样下降到一定值，从而使接触器线圈磁通减弱，产生的电磁吸力减小。当电磁吸力减小到小于反作用弹簧的拉力时，动铁芯被迫释放，带动主触点、自锁触点同时断开。

自动切断主电路和控制电路，电动机失电停转，达到欠压保护的目的。

2）失压（或零压）保护

失压保护是指电动机在正常运行中，由于外界某种原因引起突然断电时，能自动切断电动机电源。当重新供电时，保证电动机不能自行启动，避免造成设备和人身伤亡事故。采用接触器自锁控制电路，由于接触器自锁触点和主触点在电源断电时已经断开，使控制电路和主电路都不能接通。所以在电源恢复供电时，电动机就不能自行启动运转，保证了人身和设备的安全。

自锁正转控制电路的工作原理：

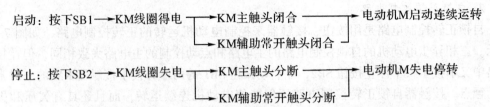

启动：按下SB1→KM线圈得电 ┬→KM主触头闭合 ────────→电动机M启动连续运转
　　　　　　　　　　　　　└→KM辅助常开触头闭合

停止：按下SB2→KM线圈失电 ┬→KM主触头分断 ────────→电动机M失电停转
　　　　　　　　　　　　　└→KM辅助常开触头分断

　　具有过载保护的接触器自锁单向运转控制线路是一种既能实现短路保护（FU），又能实现过载保护（FR）的控制线路。它采用热继电器作保护元件，当电路过载、启动频繁或者缺相运行时，都可能使电动机定子绕组的电流增大，超过其额定值，而在这种情况下熔断器往往不熔断，从而引起定子绕组过热，使温度超过允许温升，造成绝缘损坏，缩短电动机寿命，严重时会烧毁电动机的定子绕组。过载保护是反时限的，当发生过载、断相时热继电器经过一段时间，串联在主电路中的 FR 的发热元件受热弯曲，使串联在控制电路中的 FR 的动断触点断开，切断控制电路，使 KM 线圈断电，分断主触点，电动机断电。

二、电动机的正反转控制

1. 接触器联锁的正、反转控制电路

接触器联锁的正、反转控制电路是用按钮、接触器来控制电动机正、反转的控制电路，如图 7-20 所示。接触器 KM1 和 KM2 的主触点决不允许同时闭合，否则将造成两相电源短路事故。为了保证一个接触器得电动作时，另一个接触器不能得电动作，以避免电源的相间短路，在正转控制电路中串接了反转接触器 KM2 的常闭辅助触点，而在反转控制电路中串接了正转接触器 KM1 的常闭辅助触点。当接触器 KM1 得电动作时，串在反转控制电路中的 KM1 的常闭触点分断，切断了反转控制电路，保证了 KM1 主触点闭合时 KM2 的主触点不能闭合。同样，当接触器 KM2 得电动作时，KM2 的常闭触点分断，切断了正转控制电路，可靠地避免了两相电源短路事故的发生。这种在一个接触器得电动作时，通过其常闭辅助触点使另一个接触器不能得电动作的作用叫联锁或互锁。实现联锁作用的常闭触点称为联锁触点或互锁触点。

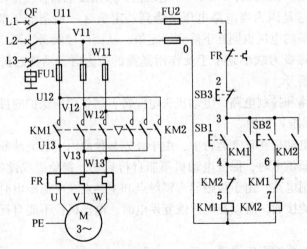

图 7-20　接触器联锁的正、反转控制原理图

接触器联锁的正、反转控制电路的工作原理如下：

首先合上电源开关 QF。

正转控制：

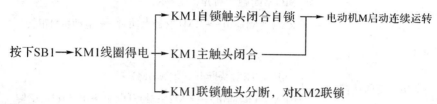

反转控制：

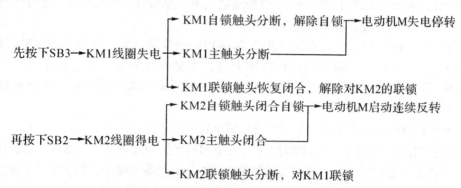

停止时，按下停止按钮 SB3，控制电路失电，KM1 或 KM2 主触头分断，电动机 M 失电停转。

接触器联锁正转控制线路的特点：电动机由正转变为反转必须先按下停止按钮后才能按反转启动按钮，否则是不能实现反转的。该电路安全可靠，但操作不便。

2. 按钮联锁正反转控制电路

按钮联锁正反转控制电路是把接触器的联锁触头用复合按钮中的常闭触点来代替，通过机械方式实现联锁控制的目的，因而具有操作方便的特点，如图 7-21 所示。

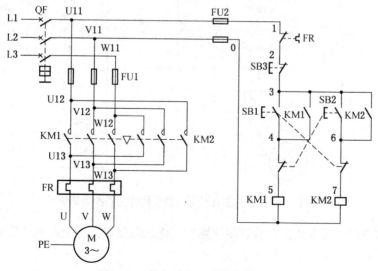

图 7-21　按钮联锁正反转控制电路

按钮联锁正反转控制电路的工作原理如下：合上电源开关 QF。

正向控制：

按下正转按钮SB1 ┬→ SB1常闭触头断开，闭锁KM2
　　　　　　　　└→ KM1线圈通电 → KM1主触点闭合 → 电动机M正转

反向控制：

按下反转按钮SB2 ┬→ SB2常闭触头断开，闭锁KM1
　　　　　　　　└→ KM2线圈通电 → KM2主触点闭合 → 电动机M反转

停止时，按下停止按钮 SB3，控制电路断电，所有控制电器线圈断电，电动机 M 停止运转。电动机 M 停止后，断开电源开关 QF。

通过上述分析可知，该电路易产生电源两相短路故障，如正转接触器 KM1 发生主触头熔焊或卡阻等故障，即使接触器线圈失电，主触头也分断不开。若按下反转按钮 SB2，KM2 得电动作，主触头闭合，则造成 L1、L2 两相电源短路故障，故该电路不太安全可靠。

3. 接触器和按钮双重联锁的正、反转控制电路

接触器和按钮联锁正反转控制线路采用按钮和接触器双重联锁（互锁），以保证接触器 KM1、KM2 不会同时通电，即在接触器 KM1 和 KM2 线圈支路中，相互串联对方的一对常闭辅助触点（接触器联锁），正反转启动按钮 SB1、SB2 的常闭触点分别与对方的常开触点相互串联（按钮联锁）。因而可称双重互锁正反转控制电路，如图 7-22 所示。

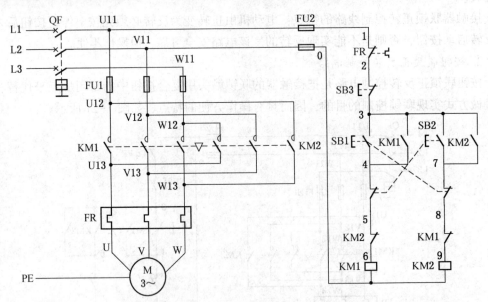

图 7-22　接触器和按钮双重联锁正反转控制线路原理图

接触器和按钮双重联锁正反转控制线路的工作原理如下：合上电源开头 QF。

正转控制：

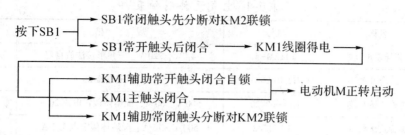

反转控制：

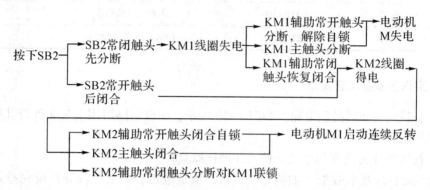

若要停止，按下 SB3，整个控制电路失电，主触头分断，电动机 M 失电停转。

接触器和按钮联锁正反转控制线路常用于机床模块电路中，线路操作方便，安全可靠。

【实操训练】

自锁正转控制电路的安装

一、实训目的

（1）学会三相异步电动机的自锁控制接线和操作方法。

（2）理解自锁的概念。

（3）理解三相异步电动机的自锁控制的基本原理。

二、实训所需器材

（1）工具：螺钉旋具、尖嘴钳、斜口钳、剥线钳、电工刀等。

（2）仪表：MF47 型万用表、ZC2513-3 型兆欧表。

（3）器材：

①控制板一块。

②导线规格：主电路采用 BV1.5 mm² 和 BVR1.5 mm²；控制电路采用 BV1mm²；按钮线采用 BVR0.75 mm²；接地线采用 BVR1.5 mm²。导线数量由实际情况确定。

③紧固体和编码套管按实际需要提供。

④电气元件明细表见表 7-1。

表7-1 电气元件明细表

代号	名称	型号	规格	数量
M	三相异步电动机	Y112M-4	4 kW、220 V、三角形接法或自定	1
QS	组合开关	H210-25/3	三极、额定电流25 A	1
FU1	螺旋式熔断器	RL1-60/20	500 V、60 A、配熔体额定电流20 A	3
FU2	螺旋式熔断器	RL1-15/2	500 V、15 A、配熔体额定电流2 A	2
KM	交流接触器	CJ10-20	20 A、线圈电压380 V	1
SB	按钮	LA10-3H	保护式、按钮数	2
XT	端子板	JX2-1015	10 A、15 节、220 V	1

三、实训步骤及工艺要求

（1）识读自锁正转控制电路，如图7-20所示，明确电路所用电气元件及其作用，熟悉电路工作原理。

（2）按表7-1配齐所用电气元件，并进行检验。

①电气元件的技术数据（如型号、规格、额定电压、额定电流等）应完整并符合要求，外观无损伤，备件、附件齐全完好。

②检查电气元件的电磁机构动作是否灵活，有无衔铁卡阻等不正常现象。用万用表检查电磁线圈的通断情况及各触点的分合情况。

③检查接触器线圈额定电压与电源电压是否一致。

④对电动机的质量进行常规检查。

（3）在控制板上按布置图安装电气元件，并贴上醒目的文字符号。工艺要求如下：

①走线通道应尽可能少，同一通道中的沉底导线按主、控电路分类集中，单层平行密排，并紧贴敷设面。

②同一平面的导线应高低一致或前后一致，不能交叉。当必须交叉时，该根导线应在接线端子引出时水平架空跨越，但必须走线合理。

③布线应横平竖直，变换走向应垂直。

④导线与接线端子或线桩连接时，应不压绝缘层、不反圈及不露铜过长，并做到同一元件、同一回路的不同接点的导线间距离保持一致。

⑤一个电气元件接线端子上的连接导线不得超过两根，每节接线端子板上的连接导线一般只允许连接一根。

⑥布线时，严禁损伤线芯和导线绝缘。

⑦布线时，不在控制板上的电气元件要从端子排上引出。

（4）按图7-23所示检验控制板布线的正确性。

用万用表进行检查时，应选用电阻挡的适当倍率，并进行校零，以防错漏短路故障。

①检查控制电路，可将表棒分别搭在U1、V1线端上，读数应为"∞"，按下SB时读数应为接触器线圈的直流电阻阻值。

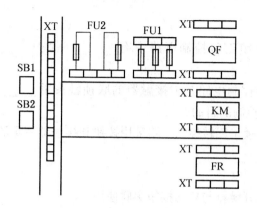

图 7-23 自锁正转控制电路的安装接线图

②检查主电路时，可以手动代替接触器对线圈励磁吸合时的情况进行检查。

（5）安装电动机。

（6）连接电动机和按钮金属外壳的保护接地线。

（7）连接电源、电动机等控制板外部的导线。

（8）自检。

（9）交验。

（10）通电试车。为保证人身安全，在通电试车时，要认真执行安全操作规程的有关规定，一人监护、一人操作。试车前应检查与通电试车有关的电气设备是否有不安全的因素存在，若查出应立即整改，然后方能试车。

四、实验注意事项

（1）电动机和按钮的金属外壳必须可靠接地。

（2）电源进线应接在螺旋式熔断器底座的中心端上，出线应接在螺纹外壳上。

（3）按钮内接线时，用力不能过猛，以防螺钉打滑。

（4）热继电器的热元件应串接在主电路中，其常闭控制触点应串接在控制电路中。

（5）热继电器的整定电流必须按电动机的额定电流自行调整，绝对不允许弯折双金属片。

（6）一般热继电器应置于手动复位的位置上，若需要自动复位时，可将复位调节螺钉以顺时针方向向里旋足。

（7）热继电器因电动机过载动作后，若要再次启动电动机，必须待热元件冷却后，才能使热继电器复位，一般复位时间：自动复位需 5 min；手动复位需 2 min。

（8）接触器的自锁常开触点 KM 必须与启动按钮 SB 并联。

（9）在启动电动机时，必须在按下启动按钮 SB 的同时按住停止按钮 SB3，以保证万一出现故障可立即按下停止按钮 SB3，防止扩大事故。

（10）接电前必须经教师检查无误后才能通电操作。

（11）实验中一定要注意安全操作。

【习题】

一、填空题

1. 图 7-19 所示自锁正转控制电路中有_____保护、_____保护和_____保护。

2. 按钮联锁正反转控制电路是把接触器的联锁触头用_____的常闭触点来代替，通过机械方式实现联锁控制的目的。

3. 接触器和按钮联锁正反转控制线路采用按钮和接触器双重联锁（互锁），以保证接触器 KM1、KM2 不能_____。

二、判断题

1. 接触器的自锁常开触点与启动按钮串联使用。（　　）

2. 热继电器的热元件应串接在主电路中。（　　）

3. 正反转控制电路中电气互锁与按钮互锁不可以同时使用。（　　）

三、简答题

试述电动机自锁正转控制电路的工作过程。

任务四　机床滑台的自动往返控制

【问题探究】

为了实现对工件的连续加工，提高生产效率，要求机械滑台在一定的行程内能自动往返运动，作为一名电工，如何实现电动机自动转换正反转控制，请大家讨论。

【任务目标】

（1）了解机床滑台的运动过程。

（2）掌握机床滑台的自动往返控制电路的组成。

（3）掌握机床滑台的自动往返控制电路的工作原理。

（4）会根据电气原理图进行正确的安装、接线。

【相关知识】

一、机床滑台的自动往返控制电气原理图

机床滑台主要能进行二维运动：前后运动或左右（横向）运动。在滑台上安装动力头等相关附件后，通过滑台的运动对工件进行各种切削、钻削、镗削。为了实现对工件的连续加工，提高生产效率，要求机械滑台在一定的行程内能自动往返运动，这就需要电气控制线路能对电动机实现自动转换正反转控制。由行程开关控制的机械滑台自动往返控制线路如图 7-24 所示。

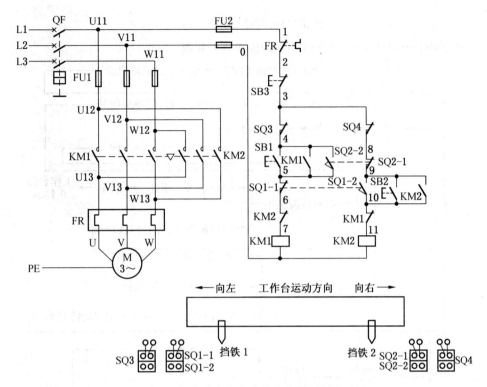

图 7-24　机床滑台的自动往返控制电气原理图

二、机床滑台的自动往返控制电路工作原理

首先合上电源开关 QS。

停止时，按下停止按钮 SB3，控制电路失电，KM1 或 KM2 主触点分断，电动机 M 失电停转，工作台停止运动。

【实操训练】

机床滑台的自动往返控制电路的安装

一、实训目的

（1）学会机床滑台的自动往返控制电路接线和操作方法。

（2）理解位置控制的概念。

（3）理解机床滑台的自动往返控制电路的基本原理。

二、实训所需器材

（1）工具：螺钉旋具、尖嘴钳、斜口钳、剥线钳、电工刀等。

（2）仪表：MF47 型万用表、ZC25B-3 型兆欧表。

（3）器材：

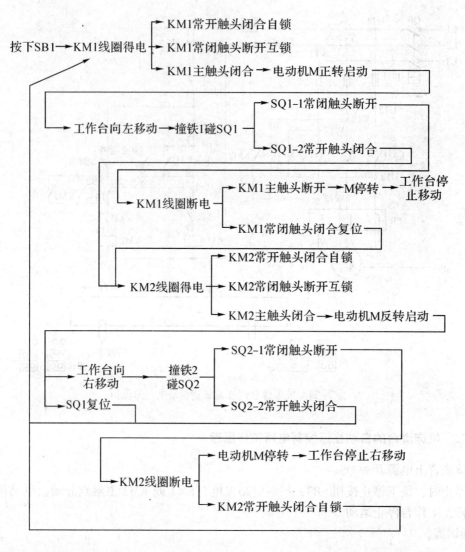

①控制板一块。

②导线规格：主电路采用 BV1.5 mm² 和 BVR1.5 mm²；控制电路采用 BV1 mm²；按钮线采用 BVR0.75 mm²；接地线采用 BVR1.5 mm²。导线数量根据实际情况确定。

③紧固体和编码套管按实际需要提供。

④电气元件明细表见表7-2。

表7-2 电气元件明细表

代号	名称	型号	规　格	数量
M	三相异步电动机	Y112 M-4	4 kW、380 V、三角形接法或自定	1
SA	组合开关	H210-25/3	三极、额定电流25 A	1
FU1	螺旋式熔断器	RL1-60/2Q	500 V、60 A、配熔体额定电流20 A	3
FU2	螺旋式熔断器	RL1-15/2	500 V、15 A、配熔体额定电流2 A	2

表 7-2（续）

代号	名称	型号	规　格	数量
KM	交流接触器	CJ10-20	20 A、线圈电压 380 V	1
SB	按钮	LA10-3 H	保护式、按钮	3
XT	端子板	JX2-1015	10 A、15 节、380 V	1

三、实训步骤及工艺要求

（1）识读自动循环控制电路，如图 7-24 所示，明确电路所用电气元件及作用，熟悉电路的工作原理。

（2）按表 7-2 配齐所用电气元件，并进行质量检验。

①电气元件的技术数据（如型号、规格、额定电压、额定电流等）应完整并符合要求，外观无损伤，备件、附件齐全完好。

②检查电气元件的电磁机构动作是否灵活，有无衔铁卡阻等不正常现象。用万用表检查电磁线圈的通断情况及各触点的分合情况。

③检查接触器线圈额定电压与电源电压是否一致。

（3）在控制板上按布置图安装电气元件，并贴上醒目的文字符号。工艺要求如下：

①走线通道应尽可能少，同一通道中的沉底导线，按主、控电路分类集中，单层平行密排，并紧贴敷设面。

②同一平面的导线应高低一致或前后一致，不能交叉。当必须交叉时，该根导线应在接线端子引出时水平架空跨越，但必须走线合理。

③布线应横平竖直，变换走向应垂直。

④导线与接线端子或线桩连接时，应不压绝缘层、不反圈及不露铜过长，并做到同一元件、同一回路的不同接点的导线间距离保持一致。

⑤一个电气元件接线端子上的连接导线不得超过两根，每节接线端子板上的连接导线一般只允许连接一根。

⑥布线时，严禁损伤线芯和导线绝缘。

⑦布线时，不在控制板上的电气元件要从端子排上引出。

（4）按图 7-25 检验控制板布线的正确性。

实验电路连接好后，学生应先自行进行认真仔细的检查，特别是二次接线，一般可采用万用表进行校线，以确认电路连接正确无误。

（5）接电源、电动机等控制板外部的导线。

（6）安装电动机。

（7）连接电动机和按钮金属外壳的保护接地线。

（8）连接电源、电动机等控制板外部的导线。

（9）自检。

（10）交验。

（11）通电试车。为保证人身安全，在通电试车时，要认真执行安全操作规程的有关

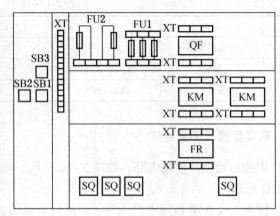

图 7-25 机床滑台的自动往返控制电路的安装接线图

规定，一人监护、一人操作。试车前应检查与通电试车有关的电气设备是否有不安全的因素存在，若查出应立即整改，然后方能试车。

四、实验注意事项

（1）螺旋式熔断器的接线要正确，以确保用电安全。

（2）位置开关接线必须正确，否则将会造成主电路两相电源短路事故。

（3）通电试车时，应合上电源开关，再按下 SB1（或 SB2）及 SB3，看控制是否正常，并在按下 SB1 后再按下 SB2，观察有无联锁作用。

（4）训练应在规定定额时间内完成，同时要做到安全操作和文明生产。

【习题】

一、填空题

1. 机床滑台主要能进行二维运动，即_____运动或_____运动。

2. 机床滑台的自动往返控制电路，要求机械滑台在一定的行程内能自动往返运动，实现这一功能的元件是_____。

3. 自动往返控制电路主要由_____等元器件组成。

二、判断题

1. 为保证人身安全，在通电试车时，要认真执行安全操作规程的有关规定。（　　）

2. 自动往返控制电路中，按下停止按钮 SB3 后，工作台会仍然运动到终点最后再停止运动。（　　）

三、简答题

1. 试述机床滑台的自动往返控制电路的工作过程。

2. 试述机床滑台的自动往返控制电路中的保护。

任务五 控制电路常见故障及处理方法

【问题探究】

在生产、生活中，电动机的控制电路会出现各种故障，作为电工，怎么处理控制电路出现的各种故障呢？谈谈自己的想法。

【任务目标】

（1）了解控制电路常见的故障。

（2）掌握控制电路常见故障处理方法。

【相关知识】

在处理实际中电动机控制电路出现的各种故障时，要通过电动机典型控制电路的学习，进行综合归纳，才能抓住各类电动机典型控制电路的特殊性与普遍性。重点学会阅读、分析电动机典型控制电路的原理图；学会常见故障的判断、分析方法及维修技能，关键是要能做到举一反三，触类旁通。检修电动机典型控制电路是一项技能性很强而又细致的工作，一旦发现控制电路出现故障，检修人员首先应对其进行认真检查，经过周密的思考，作出正确的判断，找出故障源，然后着手排除故障。

一、控制电路常见故障

1. 常见故障一：电气设备温升异常

检查项目：

（1）热继电器的规格是否正确；

（2）机床机械部分是否有故障，如齿轮配合过紧、机械卡住等；

（3）电气设备本身通风是否良好；

（4）电动机轴承油封是否损坏，如轴承缺油、润滑不良会引起温升。

2. 常见故障二：熔断器熔体经常熔断

检查项目：

（1）电路中是否有短路现象；

（2）接触器主触头有无烧毛现象，主触头间的胶木是否烧焦；

（3）连接导线绝缘有无破损。

3. 常见故障三：热继电器经常跳开

检查项目：

电路中是否存在过载情况，检查方法与电气温升过高情况相似。

二、控制电路常见故障的处理步骤

（一）故障调查

检修前要进行故障调查。当电气设备发生故障后，首先应了解故障发生前后的状况，再根据电气设备的工作原理来分析发生故障的原因，切忌盲目通电试车和盲目动手检修。

（1）问。询问控制电路操作人员，如故障发生前后的情况如何，设备有无异常现象（如响声、气味、冒烟或冒火等），以前是否发生过类似的故障以及是怎么处理的等，这样有利分析出故障的原因。

（2）看。查看控制电路有无明显的外部损坏特征，例如电动机、变压器、电磁铁线圈等有无过热冒烟，熔断器的熔丝是否熔断，其他电气元件有无发热、烧坏、断线，导线连接点是否松动，电动机的转速是否正常等。

（3）听。电动机、变压器、接触器等正常运行的声音和发生故障时的声音是有区别的，听声音是否正常，可以帮助寻找故障的范围及部位。

（4）摸。电动机、电磁线圈、变压器等发生故障时，温度会显著上升，可切断电源后用手去触摸来判断元件是否正常。

注意：不论电路通电还是断电，要特别注意不能用手直接去触摸金属触点，必须借助于仪表来测量。

（二）电路分析

根据调查结果，参考该电气设备的电气原理图进行分析，初步判断故障产生的部位，逐步缩小故障范围，直至找到故障点并加以排除。

分析故障时应有针对性，如接地故障一般先考虑电器柜外的电气装置，后考虑电器柜内的元件；如断路和短路故障，应先考虑频繁动作的电气元件，后考虑其他元件。

（三）断电检查

检查前先断开机床总电源，然后根据故障可能产生的部位，逐步找出故障点。检查时应先检查电源线进线处有无损伤而引起电源接地、短路等现象，螺旋式熔断器的熔断指示色点是否脱落，热继电器是否动作；然后检查电器外部有无损坏，连接导线有无断路、松动，绝缘是否过热或烧焦。

（四）通电检查

断电检查仍未找到故障时，可对电气设备通电检查。在条件允许的情况下，通电检查故障发生的部位和原因，在通电检查时，要尽量使电动机和机械传动部分脱开，将控制器和转换开关置于零位，行程开关还原到正常位置，看有否断相和电压、电流不平衡的现象。通电检查的顺序：先检查控制电路，后检查主电路；先检查交流系统，后检查直流系统；先检查开关电路，后检查调整系统。也可断开所有开关，取下所有熔断器，然后按顺序逐一放入欲检查各部分电路的熔断器，合上开关，观察电气元件是否按要求动作，是否有冒烟、熔断器熔断的现象，直至查到发生故障的部位。

（五）检修控制电路电气故障时应注意的问题

（1）将电源断开。

（2）电动机不能转动，要从电动机有无通电，控制电动机的接触器是否吸合入手，绝不能立即拆修电动机。通电检查时，一定要先排除短路故障，在确认无短路故障后方可通电，否则会造成更大的事故。

（3）当需要更换熔断器的熔体时，必须选择与原熔体型号相同的熔体，不得随意选择参数值更大的熔件，以免造成意外的事故或留下更大的后患。因为熔体的熔断，说明电路存在较大的冲击电流，如出现短路、严重过载、电压波动很大等。

（4）热继电器的动作、烧毁，也要求先查明过载原因，不然的话，故障还是会复发。修复后一定要按技术要求重新整定保护值，并要进行可靠性试验，以避免发生失控。

（5）在拆卸元件及端子连线时，特别是对电路不熟悉的，一定要仔细观察，理清控制电路，千万不能蛮干。要及时做好记录、标号，避免在安装时发生错误，方便复原。螺钉、垫片等放在盒子里，被拆下的线点要做好绝缘包扎，以免造成人为事故。

（6）试车前先检测电路是否存在短路现象。在正常的情况下进行试车，应当注意人身及设备安全。

（7）控制电路故障排除后，一切要恢复到原来的样子。

三、控制电路常见故障的检查与判断方法

（一）断路故障的检查

1. 验电器检修法

在保持原电路不变的前提下，利用验电器检修电路中的断路故障，称验电器检修法，如图 7-26 所示。

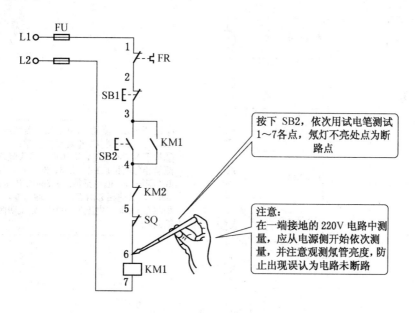

图 7-26　验电器检修电路中断路故障

2. 万用表检修法

利用万用表对线路进行带电或断电测量，常用的方法有电压测量法、电阻测量法。

1）电压测量法

电压测量法是利用万用表的电压挡（挡位开关置于 500 V 挡位）对应测出相应点间的电压值大小，从而检查与判断线路故障的一种方法。电压测量法又可分为电压分阶测量法和电压分段测量，如图 7-27 和图 7-28 所示。

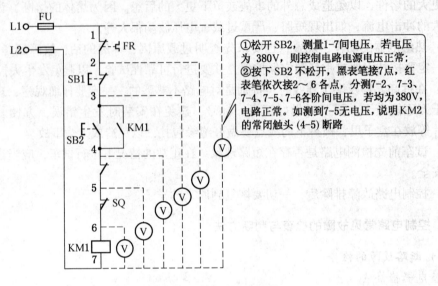

①松开 SB2，测量 1-7 间电压，若电压为 380V，则控制电路电源电压正常；
②按下 SB2 不松开，黑表笔接 7 点，红表笔依次接 2～6 各点，分测 7-2、7-3、7-4、7-5、7-6 各阶间电压，若均为 380V，电路正常。如测到 7-5 无电压，说明 KM2 的常闭触头（4-5）断路

图 7-27 电压分阶测量

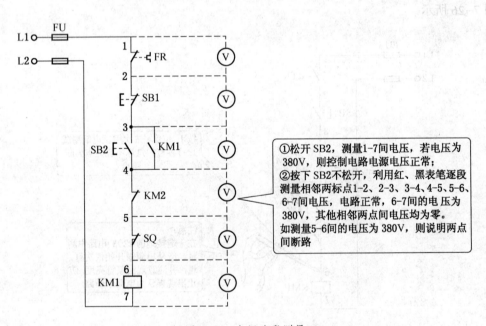

①松开 SB2，测量 1-7 间电压，若电压为 380V，则控制电路电源电压正常；
②按下 SB2 不松开，利用红、黑表笔逐段测量相邻两标点 1-2、2-3、3-4、4-5、5-6、6-7 间电压，电路正常，6-7 间的电压为 380V，其他相邻两点间电压均为零。
如测量 5-6 间的电压为 380V，则说明两点间断路

图 7-28 电压分段测量

2）电阻测量法

电阻测量法是利用万用表的电阻挡（挡位开关置于 R×10 挡位）对应测出相应点间的电阻值大小，从而检查与判断线路故障的一种方法。也可电阻分阶测量法和电阻分段测量

法，如图 7-29 和图 7-30 所示。

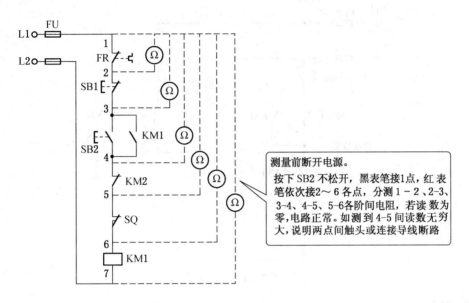

图 7-29　电阻分阶测量

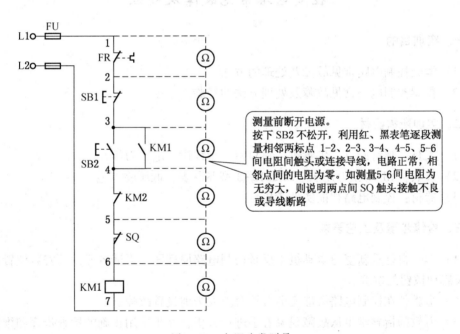

图 7-30　电阻分段测量

（二）元件替换法查故障

元件替换法查故障是将原有的元件拆换下替换上新的元件，检查出元件故障的方法，如图 7-31 所示。如电源熔断器中的熔体有时烧断，可将其拆下更换等。

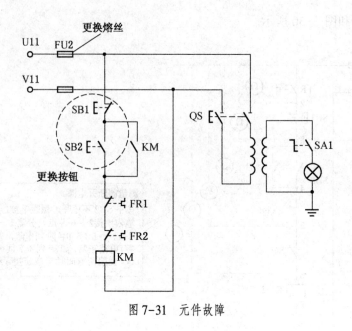

图 7-31 元件故障

【实操训练】

控制电路常见故障及处理

一、实训目的

（1）学会控制电路常见故障及处理的方法。

（2）积累控制电路常见故障及处理方法的经验。

二、实训所需器材

（1）工具：螺钉旋具、尖嘴钳、斜口钳、剥线钳、电工刀等。

（2）仪表：MF47 型万用表、ZC2513-3 型兆欧表、低压验电笔。

（3）器材：控制电路智能实训考核台。

三、检修步骤及工艺要求

（1）学生自己重新复习电动机正反转控制电路原理图，弄清各元件的安装位置、走线情况及启动按钮的位置。

（2）由教师在控制电路智能实训考核台上人为地设置故障。

（3）由教师指导学生从故障现象着手进行分析，逐步采用正确的检查步骤和维修方法排除故障。

四、检修注意事项

（1）根据故障现象，依据电路图分析初步确定故障范围，并在电路图中标出可能的最小故障范围。

（2）正确使用工具和仪表。

（3）检修时，严禁扩大故障范围或产生新的故障点。

（4）停电验电，带电检修须有指导教师在现场监护，以确保用电安全。同时做好训练记录。

【习题】

一、填空题

1. 控制电路常见故障的检查与判断方法有_____和_____等。

2. 利用万用表的电压挡功能时，要调至_____挡，对应测出相应点间的电压值大小，从而检查与判断线路故障的一种方法。

3. 电阻测量法是利用万用表的电阻挡功能，挡位开关置于_____，测出相应点间的电阻值大小，从而检查与判断线路故障。

二、判断题

1. 根据故障现象，依据电路图分析初步确定故障范围，并在电路图中标出可能的最小故障范围。（　　）

2. 利用万用表对线路进行带电或断电测量，常用的方法有电流测量法、电阻测量法。（　　）

3. 在拆卸元件及端子连线时，特别是对电路不熟悉的，一定要仔细观察，理清控制电路，千万不能蛮干。（　　）

三、分析题

根据以下故障，试分析图7-20所示控制电路可能出现的故障原因。

故障一　电动机 M 正反转都不能启动，且试车时，又观察到接触器 KM1、KM2 线圈都不得电。

故障二　电动机 M 正转工作正常，反转不能启动，且试车时，观察到 KM2 线圈不得电。

任务六　可编程控制器（PLC）简介

【问题探究】

可编程控制器是专为工业生产设计的一种数字运算操作的电子装置，它采用一类可编程的存储器，用于其内部存储程序，执行逻辑运算、顺序控制、定时、计数与算术操作等面向用户的指令，并通过数字或模拟式输入/输出控制各种类型的机械或生产过程，是工业控制的核心部分。请大家讨论下 PLC 的应用领域。

【任务目标】

（1）掌握 PLC 的定义特点。

（2）了解 PLC 的应用及发展方向。

【相关知识】

一、PLC 定义

可编程控制器（Programmable Logical Controller）简称 PLC，是一种以微处理器为基础，综合了现代计算机技术、自动控制技术和通信技术发展起来的一种通用的工业自动控制装置。它是从早期的继电器逻辑控制系统发展而来的，从最初的逻辑控制、顺序控制装置，发展为具有逻辑判断、定时、计数、记忆和算术运算、数据处理、联网通信及 PID 回路调节等功能的现代 PLC。

二、PLC 的特点

1. 可靠性高，抗干扰能力强

高可靠性是电气控制设备的关键性能。PLC 采用现代大规模集成电路技术，采用严格的生产工艺制造，内部电路采用了先进的抗干扰技术，具有很高的可靠性。一些使用冗余 CPU 的 PLC 的平均无故障工作时间则更长。从 PLC 的机外电路来说，使用 PLC 构成控制系统，与同等规模的继电接触器系统相比，电气接线及开关接点已减少到数百甚至数千分之一，故障率大大降低。此外，PLC 带有硬件故障自我检测功能，出现故障时可及时发出警报信息。在应用软件中，应用者还可以编入外围器件的故障自诊断程序，使系统中除 PLC 以外的电路及设备也获得故障自诊断保护。这样，整个系统具有极高的可靠性也就不足为奇了。

2. 配套齐全，功能完善，适用性强

PLC 发展到今天，已经形成了大、中、小各种规模的系列化产品，可以用于各种规模的工业控制场合。除了逻辑处理功能以外，现代 PLC 大多具有完善的数据运算能力，可用于各种数字控制领域。近年来 PLC 的功能单元大量涌现，使 PLC 渗透到了位置控制、温度控制、CNC 等各种工业控制中，加上 PLC 通信能力的增强及人机界面技术的发展，使用 PLC 组成各种控制系统变得非常容易。

3. 易学易用，深受工程技术人员欢迎

PLC 作为工矿企业的工控设备，它接口容易，编程语言易于工程技术人员接受。梯形图语言的图形符号与表达方式和继电器电路图相当接近，只用 PLC 的少量开关量逻辑控制指令就可以方便地实现继电器电路的功能，为不熟悉电子电路、不懂计算机原理和汇编语言的人使用计算机从事工业控制打开了方便之门。

4. 系统的设计、建造工作量小，维护方便，容易改造

PLC 用存储逻辑代替接线逻辑，大大减少了控制设备外部的接线，使控制系统设计及建造的周期大为缩短，同时维护也变得容易起来，更重要的是使同一设备经过改变程序进而改变生产过程成为可能，这适用于多品种、小批量的生产场合。

5. 体积小，重量轻，能耗低

以超小型 PLC 为例，新近出产的品种底部尺寸小于 100mm，重量小于 150g，功耗仅数瓦。由于体积小很容易装入机械内部，因此是实现机电一体化的理想控制设备。

三、PLC 的应用领域

目前，PLC 在国内外已广泛应用于钢铁、石油、化工、电力、建材、机械制造、汽车、轻纺、交通运输、环保及文化娱乐等各个行业，使用情况大致可归纳为如下几类。

1. 开关量的逻辑控制

这是 PLC 最基本、最广泛的应用领域，它取代传统的继电器电路，实现逻辑控制、顺序控制，既可用于单台设备的控制，也可用于多机群控及自动化流水线，如注塑机、印刷机、订书机械、组合机床、磨床、包装生产线、电镀流水线等。

2. 模拟量控制

在工业生产过程当中，有许多连续变化的量，如温度、压力、流量、液位和速度等都是模拟量。为了使可编程控制器处理模拟量，必须实现模拟量（Analog）和数字量（Digital）之间的 A/D 转换及 D/A 转换。PLC 厂家都生产配套的 A/D 和 D/A 转换模块，使可编程控制器用于模拟量控制。

3. 运动控制

PLC 可以用于圆周运动或直线运动的控制。从控制机构配置来说，早期直接用于开关量 I/O 模块连接位置传感器和执行机构，现在一般使用专用的运动控制模块，如可驱动步进电机或伺服电机的单轴或多轴位置控制模块。世界上各主要 PLC 生产厂家的产品几乎都有运动控制功能，广泛用于各种机械、机床、机器人、电梯等。

4. 过程控制

过程控制是指对温度、压力、流量等模拟量的闭环控制。作为工业控制计算机，PLC 能编制各种各样的控制算法程序，完成闭环控制。PID 调节是一般闭环控制系统中用得较多的调节方法。大中型 PLC 都有 PID 模块，目前许多小型 PLC 也具有此功能模块，PID 处理一般是运行专用的 PID 子程序。过程控制在冶金、化工、热处理、锅炉控制等场合有非常广泛的应用。

5. 数据处理

现代 PLC 具有数学运算（含矩阵运算、函数运算、逻辑运算）、数据传送、数据转换、排序、查表、位操作等功能，可以完成数据的采集、分析及处理。这些数据可以与存储在存储器中的参考值比较，完成一定的控制操作，也可以利用通信功能传送到别的智能装置，或将它们打印制表。数据处理一般用于大型控制系统，如无人控制的柔性制造系统；也可用于过程控制系统，如造纸、冶金、食品工业中的一些大型控制系统。

6. 通信及联网

PLC 通信含 PLC 间的通信及 PLC 与其他智能设备间的通信。随着计算机控制技术的发展，工厂自动化网络发展得很快，各 PLC 厂商都十分重视 PLC 的通信功能，纷纷推出各自的网络系统。新近生产的 PLC 都具有通信接口，通信非常方便。

【习题】

一、填空题

1. PLC 是从早期的_____控制系统发展而来。

2. PLC 通信含 PLC 间的_____及 PLC 与其他智能设备间的通信。

3. PLC 可以用于_____运动或_____运动的控制。

二、判断题

1. 在工业生产过程当中，有许多连续变化的量，如温度、压力、流量、液位和速度等有些是模拟量，有些是数字量。（　　）

2. PLC 大多具有完善的数据运算能力，可用于各种数字控制领域。（　　）

3. 梯形图语言的图形符号与表达方式和继电器电路图完全相同。（　　）

三、简答题

1. PLC 的主要特点有哪些？

2. PLC 可以应用在哪些领域？

项目八　触电急救——安全用电

【项目描述】

随着社会生产的发展和科技的进步，电与人们的关系日益密切，但由于使用不当或违反了电气安全操作规程造成电气事故对人们的危害也是相当严重的。本项目主要介绍电流对人体的危害、接地和接零、电气火灾的预防等内容，并通过项目技能训练——触电急救来巩固和检测读者对本项目知识的掌握情况。

【项目目标】

（1）理解电流对人体的危害、接地和接零、电气火灾的预防、触电急救的方法。

（2）学生在教师的指导下，认知并掌握触电急救的方法和步骤。

任务一　电流对人体的危害

【案例探究】

某电杆上的电线被风刮断，掉在水田中，一小学生把一群鸭子赶进水田，当鸭子游到落地的断线附近时，一只只死去，小学生便下田去捡死鸭子，未跨几步便被电击倒。爷爷赶到田边急忙跳入水田中拉孙子，也被击倒。小学生的父亲闻讯赶到，见鸭死人亡，又下田抢救也被电击倒，一家三代均死在水田中。

【任务目标】

（1）掌握触电事故种类和方式。

（2）掌握电流对人体危害的因素。

【相关知识】

一、触电事故种类

按照触电事故的构成方式，触电事故可分为电击和电伤。

1. 电击

电击是电流对人体内部组织的伤害，是最危险的一种伤害，绝大多数（大约85%以上）的触电死亡事故都是由电击造成的。

电击的主要特征有：

（1）伤害人体内部；

（2）在人体的外表没有显著痕迹；

（3）致命电流小。

按照发生电击时电气设备的状态，电击可分为直接接触电击和间接接触电击。

（1）直接接触电击。直接接触电击是触及设备和线路正常运行时的带电体发生的电击

（如误碰接线端子发生的电击），也称为正常状态下的电击。

（2）间接接触电击。间接接触电击是触及正常状态下不带电，而当设备或线路故障时意外带电的导体发生的电击（如触及漏电设备的外壳发生的电击），也称为故障状态下的电击。

2. 电伤

电伤是由电流热效应、化学效应和机械效应等对人造成的伤害。

（1）电烧伤。是电流的热效应造成的伤害，分为电流灼伤和电弧烧伤。

电流灼伤是人体与带电体接触，电流通过人体由电能转换成热能造成的伤害。电流灼伤一般发生在低压设备或低压线路上。

电弧烧伤是由弧光放电造成的伤害，分为直接电弧烧伤和间接电弧烧伤。前者是带电体与人体之间发生电弧，有电流流过人体的烧伤；后者是电弧发生在人体附近对人体的烧伤，包含熔化了的炽热金属溅出造成的烫伤。直接电弧烧伤是与电击同时发生的。

电弧温度高达 8000 ℃ 以上，可造成大面积、大深度的烧伤，甚至烧焦、烧掉四肢及其他部位。大电流通过人体，也可能烘干、烧焦机体组织。高压电弧的烧伤较低压电弧严重，直流电弧的烧伤较工频交流电弧严重。

发生直接电弧烧伤时，电流进、出口烧伤最为严重，体内也会受到烧伤。与电击不同的是，电弧烧伤都会在人体表面留下明显痕迹，而且致使电流较大。

（2）皮肤金属化。是在电弧高温的作用下，金属熔化、汽化，金属微粒渗入皮肤，使皮肤粗糙而张紧的伤害。皮肤金属化多与电弧烧伤同时发生。

（3）电烙印。是在人体与带电体接触的部位留下的永久性疤痕。疤痕处皮肤失去原有弹性、色泽，表皮坏死，失去知觉。

（4）机械性损伤。是电流作用于人体时，由于中枢神经反射和肌肉强烈收缩等作用导致的机体组织断裂、骨折等伤害。

（5）电光眼。是发生弧光放电时，由红外线、可见光、紫外线对眼睛的伤害。电光眼表现为角膜炎或结膜炎。

二、触电方式

按照人体触及带电体的方式和电流流过人体的途径，分单相触电、两相触电和跨步电压触电。

1. 单相触电

当人体直接碰触带电设备其中的一相时，电流通过人体流入大地，这种触电现象称为单相触电。对于高压带电体，人体虽未直接接触，但由于超过了安全距离，高电压对人体放电，造成单相接地而引起的触电也属于单相触电。

2. 两相触电

人体同时接触带电设备或线路中的两相导体，或在高压系统中，人体同时接近不同相的两相带电导体而发生电弧放电，电流从一相导体通过人体流入另一相导体，构成一个闭合回路，这种触电方式称为两相触电。

发生两相触电时，作用于人体上的电压等于线电压，这种触电是最危险的。

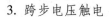

3. 跨步电压触电

当电气设备发生接地故障，接地电流通过接地体向大地流散，在地面上形成电位分布时，若人在接地短路点周围行走，其两脚之间的电位差就是跨步电压。由跨步电压引起的人体触电，称为跨步电压触电。

三、电流对人体危害的因素

1. 作用机理和征象

1）作用机理

电流通过人体时破坏人体内细胞的正常工作，主要表现为生物学反应。电流作用于人体还包含有热效应、化学效应和机械效应。

2）作用征象

小电流通过人体，会引起麻感、针刺感、压迫感、打击感、痉挛、疼痛、呼吸困难、血压异常、昏迷、心律不齐、窒息、心室颤动等症状。数安以上的电流通过人体，还可能导致严重的烧伤。

2. 电流大小的影响

感知电流是指在一定概率下，通过人体引起人有任何感觉的最小电流。概率为50%时，成年男子平均感知电流约为 1.1 mA，成年女子约为 0.7 mA。

摆脱电流是指在一定概率下，人触电后能自行摆脱带电体的最大电流。概率为50%时，成年男子和成年女子的摆脱电流分别约为 16 mA 和 10.5 mA；概率为99.5%时，成年男子和成年女子的摆脱电流分别约为 9 mA 和 6 mA。

室颤电流是指通过人体引起心室发生纤维性颤动的最小电流。室颤电流是短时间作用的最小致命电流，其与电流的持续时间有关。

3. 电流持续时间的影响

工频电流对人体的影响见表8-1。可见，电击持续时间越长，则电击危险性越大，原因如下：

表 8-1　工频电流对人体的作用

电流范围	电流/mA	电流持续时间	生　理　效　应
O	0~0.5	连续通电	没有感觉
A1	0.5~5	连续通电	开始有感觉，手指手腕等处有麻感，没有痉挛，可以摆脱带电体
A2	5~30	数分钟以内	痉挛，不能摆脱带电体，呼吸困难，血压升高，是可以忍受的极限
A3	30~50	数秒至数分	心脏跳动不规则，昏迷，血压升高，强烈痉挛，时间过长即引起心室颤动
B1	50~数百	低于心脏搏动周期	受强烈刺激，但未发生心室颤动
		超过心脏搏动周期	昏迷，心室颤动，接触部位留有电流通过的痕迹
B2	超过数百	低于心脏搏动周期	在心脏易损期触电时，发生心室颤动，昏迷，接触部位留有电流通过的痕迹
		超过心脏搏动周期	心脏停止跳动，昏迷，可能致命的电灼伤

(1) 电流持续时间越长，体内积累电能越多，伤害越严重。

(2) 心电图上心脏收缩与舒张之间约 0.2 s 的 T 波是对电流最为敏感的心脏易损期。

(3) 随着电击时间的延长，人体电阻由于出汗、击穿、电解而下降，如接触电压不变，流经人体的电流必然增加，电击危险性随之增大。

(4) 电击持续时间越长，中枢神经反射越强烈，电击危险性越大。

4. 电流途径的影响

人体在电流的作用下，没有绝对的安全途径，电流通过心脏会引起心室颤动及心脏停止跳动而导致死亡；电流通过中枢神经及有关部位，会引起中枢神经强烈失调而导致死亡，电流通过头部严重损伤大脑，亦可使人昏迷不醒而死亡，电流通过脊髓会使人截瘫，电流通过人的局部肢体亦可引起中枢神经强烈反射而导致严重后果。

流过心脏的电流越多，电流路线越短的途径是电击危险性越大的途径。

可用心脏电流因数粗略衡量不同电流途径的危险程度。心脏电流因数是表明电流途径影响的无量纲系数。如通过人体左手至脚途径的电流与通过人体某一途径的电流 I 引起心室颤动的危险性相同，则该途径的心脏电流因数为不同途径的心脏电流因数，见表 8-2。

表 8-2 心脏电流因数

电流途径	心脏电流因数	电流途径	心脏电流因数
左手—左脚、右脚或双脚	1.0	背—右手	0.3
双手—双脚	1.0	胸—左手	1.5
右手—左脚、右脚或双脚	0.8	胸—右手	1.3
左手—右手	0.4	臀部—左手、右手或双手	0.7
背—左手	0.7		

可以看出，左手至前胸是最危险的电流途径；右手至前胸、单手至单脚、单手至双脚、双手至双脚等也都是很危险的电流途径。

5. 电流种类的影响

不同种类的电流对人体伤害的构成不同，危险程度也不同，但各种电流对人体都有致命危险。

6. 个体特征的影响

身体健康、肌肉发达者摆脱电流较大；室颤电流约与心脏质量成正比。患有心脏病、中枢神经系统疾病、肺病的人电击后的危险性较大。精神状态和心理因素对电击后果也有影响。女性感知电流和摆脱电流约为男性的 2/3，儿童遭受电击后危险性较大。

🔧 知识拓展

防触电的基本常识

1. 家庭用电常见故障

开路（断路）：线路中没有电流通过，电器不能工作。

短路：当电路被极小电阻值的物体直接连接时，负载电压为零，电源电流极大，造成短路。

漏电：当导线的绝缘能力下降时，将有电流泄漏到周围导电物体，威胁人身安全。

2. 如何处理家用电器漏电

使用家用电器时，如果发现有漏电现象，应该马上停止使用，拔掉电源插头，认真检查是否有良好接地、是否按要求使用了三脚插头。重新使用时要先用试电笔检查是否还漏电。如果不存在接地线故障，应请专业人员处理或者送修理店。

3. 家用电器着火诱因？

（1）电线负载过大，急剧发热，损坏绝缘，进而导致短路起火。

（2）热负载的家用电器电源插头没有拔出，带电时间长了，温度升高起火。

（3）导线连接不良，接触不好，造成线间短路，发热起火。

（4）电气设备有缺陷，没有及时修理，内部某些元件松动，通电时产生火花，引发火灾。

4. 家用电器发生火灾的扑救

首先立刻切断电源，拉闸要戴上绝缘手套，人要离远些，避免切断电源时的电弧喷射烧伤脸部。用电工钳或干燥木柄斧子切断电源时，应将电源的相线、地线一根一根地分别切断，否则会引起短路，造成更大的灾难。

扑救火灾时，要关闭门窗，防止风吹助燃。要立即用干燥的棉被、棉衣盖住火苗。切不可用水和灭火器喷淋电气设备的方法扑救，因为高温电器突然遇水冷却，会爆炸伤人。火扑灭后，必须及时打开门窗通风。

5. 家用漏电开关乱跳的处置

漏电保护器和低压断路器组装在一起，成为家用漏电开关，具有过载、短路保护功能。当家用漏电开关跳开后不能合上送电，应检查保护器的进、出线桩头和进线电压，如果都没有问题，再分别断开各组出线，检查是否有内部线路故障，如果各组出线也没有问题，还是送不上电，就要更换一个新的漏电开关了。

6. 家里裸露电线的处置

关掉电源总开关，切断电源，再用绝缘胶带将电线裸露部分包缠好。绝不允许用医用白胶带或透明胶带缠绕裸露电线，因为这样不但不能保证绝缘，而且还容易造成触电事故。

【习题】

一、填空题

1. 按照触电事故的构成方式，触电事故可分为_____和_____。

2. 按照人体触及带电体的方式和电流流过人体的途径，电击分_____、_____、_____。

3. 电伤是由_____、_____、_____等对人造成的伤害。

二、选择题

1. 电气事故导致人身伤亡的基本原因是（　　）。

A. 电流通过人体　　　　　　　　B. 电压作用人体

C. 电磁场能量　　　　　　　　　D. 人体电阻的存在

2. 当触电电流超过摆脱电流时，电流对人体的影响将是（　　）。

A. 危险　　　　　　　B. 不危险　　　　　　C. 无关　　　　　　D. 不确定

3. 当通过人体的电流达到（　　）mA 时，就能使人致命。

A. 50　　　　　　　　B. 80　　　　　　　　C. 100　　　　　　D. 120

三、综合题

简述电流对人体的伤害程度与哪些因素有关。

任务二　接地和接零

【案例探究】

2014 年 4 月 6 日下午 3 时许，某厂 671 变电站运行值班员接班后，油开关大修负责人提出申请要结束检修工作，而值班长临时提出要试合一下油开关上方的隔离刀闸，检查该刀闸贴合情况。于是，值班长在没有拆开油开关与隔离刀闸之间的接地保护线的情况下，擅自摘下了隔离刀闸操作把柄上的"已接地"警告牌和挂锁，进行合闸操作。突然"轰"的一声巨响，强烈的弧光迎面扑向蹲在 312 油开关前的大修负责人和实习值班员，两人被弧光严重灼伤。

【任务目标】

（1）掌握保护接地的实质及适用范围。

（2）掌握保护接零的实质及适用范围。

【相关知识】

保护接地与保护接零是防止间接接触电击最基本的措施。在当前我国电气标准化从传统标准向国际标准过渡的情况下，掌握保护接地和保护接零的方法及应用对安全用电是十分重要的。

一、保护接地

1. 概念

在正常情况下，将电气设备的金属外壳或构架用导线与接地极可靠地连接起来，使之与大地做电气上的连接，这种接地方式称保护接地，如图 8-1 所示。

2. 保护原理

如图 8-2 所示，接地装置与人体构成并联电路，并联电压相等，保护接地装置的接地电阻 R_E 越小，通过人体的电流将越少，因而越安全。

保护接地的关键是将保护接地装置的接地电阻值降低到规定的范围内就可以使流过人体的电流不超过安全极限电流，达到减小触电危险的目的。

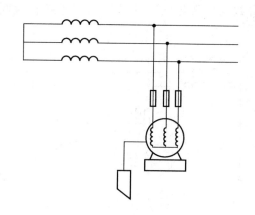

图 8-1　保护接地

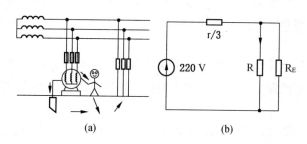

(a)　　　　　　　　　　(b)

图 8-2　保护接地系统安全原理

3. 保护接地的作用

在电源中性点不接地的系统中，如果电气设备金属外壳不接地，当设备带电部分某处绝缘损坏碰壳时，外壳就带电，其电位与设备带电部分的电位相同，显然这是十分危险的。

采取保护接地后，接地电流将同时沿着接地体与人体两条途径流过。因为人体电阻比保护接地电阻大得多，所以流过人体的电流就很小，绝大部分电流从接地体流过（分流作用），从而可以避免或减轻触电的伤害。

4. 适用范围

对于三相三线制供电系统（中性点不接地系统），采用保护接地可靠；对于三相四线制系统，采用保护接地十分不可靠。一旦外壳带电时，电流将通过保护接地的接地极、大地、电源的接地极而回到电源。因为接地极的电阻值基本相同，每个接地极电阻上的电压是相电压的一半，人体触及外壳时，就会触电，所以在三相四线制系统中的电气设备不推荐采用保护接地，最好采用保护接零。

二、保护接零

1. 概念

保护接零又叫保护接中线，在三相四线制系统中，电源中线是接地的，将电气设备的金属外壳或构架用导线与电源零线（中线）直接连接，就叫保护接零，如图 8-3 所示。

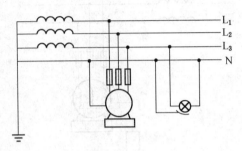

图 8-3　保护接零

2. 保护接零的原理及作用

对于三相四线制，如果采用保护接零，当设备漏电时，将变成单相短路，造成熔断器熔断或者开关跳闸，切除电源，就消除了人的触电危险。因此采用保护接零是防止人身触电的有效手段。

保护接零的基本作用是当某相带电部分碰及设备外壳时，通过设备外壳形成该相对零线的单相短路，短路电流促使线路上过电流保护装置迅速动作，断开故障部分电流，消除触电危险。

保护接零的实质是提高动作电流，而保护接地的实质是降低人身触电电压。

3. 适用范围

保护接零这种安全技术措施用于中性点直接接地，电压为 380/220 V 的三相四线制配电系统。

三线三线制不可能进行保护接零，因为没有零线。

三、保护接地和保护接零的比较

（1）保护接地和保护接零是维护人身安全的两种技术措施。

（2）保护原理不同。低压系统保护接地的基本原理是限制漏电设备对地电压，使其不超过某一安全范围；保护接零的主要作用是借接零线路使设备漏电形成单相短路，促使线路上保护装置迅速动作。

（3）适用范围不同。保护接地适用于一般的低压不接地电网及采取其他安全措施的低压接地电网；保护接零适用于低压接地电网。

（4）线路结构不同。保护接地系统除相线外，只有保护地线。保护接零系统除相线外，必须有零线和接零保护线；必要时，保护零线要与工作零线分开；其重要装置也应有地线。

发生漏电时，保护接地允许不断电运行，因此存在触电危险，但由于接地电阻的作用，人体接触电压大大降低；保护接零要求必须断电，因此触电危险消除，但必须可靠动作。

知识拓展

等 电 位 联 结

1. 等电位联结

等电位联结是指保护导体与建筑物的金属结构、生产用的金属装备以及允许用作保护线的金属管道等不带电导体之间的联结（包括 IT 系统和 TT 系统中各用电设备金属外壳之间的联结）。

保护导体干线应接向总开关柜。总开关柜内保护导体端子排与自然导体之间的联结称为总等电位联结。

用电设备或配电箱，如其保护接零难以满足速断要求，或为了提高保护接零的可靠性，可将其与自然导体之间再进行联结。这一联结称为局部等电位联结或辅助等电位联结。

2. 等电位联结的作用

(1) 降低等电位联结影响区域内可能的接触电压；

(2) 降低等电位联结影响区域外侵入的危险电压；

(3) 实现等电位环境。

【习题】

一、填空题

1. _____与_____是防止间接接触电击最基本的措施。

2. 将电气设备的_____用导线与_____直接连接，称为保护接零。

3. 保护接地的实质是_____。

二、选择题

1. 保护接零只能用于（　　　）。

A. 低压接地电网　　　　　　　　　B. 低压不接地电网

C. 高压接地电网　　　　　　　　　D. 高压不接地电网

2. 变压器中性点接地属于（　　　）。

A. 工作接地　　　　B. 保护接地　　　　C. 防雷接地　　　　D. 安全接地

3. 在保护接零系统中，N 线表示（　　　）。

A. 相线　　　　　　B. 中性线　　　　　C. 保护零线　　　　D. 地线

三、综合题

简述保护接零和保护接地的区别。

任务三　电气火灾的预防

【案例探究】

2006 年 11 月 14 日 10 时 43 分,上海一老式居民住宅楼发生火灾,过火面积约 400 m²,火灾造成 15 户居民住宅不同程度烧损。起火建筑为三层砖木结构,底楼有 9 个房间,二楼有 7 个房间,三楼有 5 个房间。发生燃烧后,整栋建筑除底楼东南侧和西南侧两个房间未发生燃烧外,其余房间均过火燃烧,二楼、三楼楼板部分被烧穿,三楼屋顶局部坍塌。火灾原因为底楼西侧后门过道内南墙配电板上的电气线路短路,引燃导线绝缘层和周边的可燃物。火灾造成 1 人死亡,直接财产损失 110 万元,善后处理造成民事纠纷。

【任务目标】

(1) 掌握电气火灾产生的原因及预防。

(2) 掌握电气火灾的扑灭步骤。

【相关知识】

电气火灾在火灾事故中占有很大的比例,如线路、电动机、开关等电气设备都有可能引起火灾。变压器等带油电气设备除了可能发生火灾外,还有爆炸的危险。造成电气火灾与爆炸的原因很多。除设备缺陷、安装不当等设计和施工方面的原因外,电流产生的热量和火花或电弧是引发火灾和爆炸事故的直接原因。

一、电气火灾产生的原因

电气火灾是指由电气原因引发燃烧而造成的灾害。

引起电气火灾的主要原因有以下几个方面:

(1) 过热。当电气设备的绝缘性能降低时,通过绝缘材料的泄漏电流增加,可能导致绝缘材料的温度升高。

(2) 过载。过载会引起电气设备发热。设计时选用线路或设备不合理,以致在额定负载下产生过热;使用不合理,即线路或设备的负载超过额定值,或连续使用时间过长,超过线路或设备的设计能力,由此造成过热。

(3) 接触不良。如闸刀开关的触头、插销的触头、灯泡与灯座的接触处等活动触头,如果没有足够的接触压力或接触表面粗糙不平,会导致触头过热。

(4) 铁芯发热。变压器、电动机等设备的铁芯绝缘损坏或承受长时间过电压,涡流损耗和磁滞损耗将增加,使设备过热。

(5) 散热不良。各种电气设备在设计和安装时都要考虑有一定的散热或通风措施,散热不良就会造成设备过热。

二、电气火灾的预防

根据电气火灾形成的主要原因,电气火灾应主要从以下几个方面进行预防:

(1) 要合理选用电气设备和导线,不要使其超负载运行。

(2) 在安装开关、熔断器或架线时,应避开易燃物,并与易燃物保持必要的防火间距。

（3）保持电气设备正常运行，特别注意线路或设备连接处的接触保持正常运行状态，以避免因连接不牢或接触不良使设备过热。

（4）要定期清扫电气设备，保持设备清洁。

（5）加强对设备的运行管理。要定期检修、试验，防止绝缘损坏等造成短路。

（6）电气设备的金属外壳应可靠接地或接零。

（7）要保证电气设备的通风良好，散热效果好。

三、电气灭火

（1）首先应迅速设法切断电源，防止救火过程导致人身触电事故。

（2）切断电源的地点要选择适当，拉闸时最好使用绝缘工具操作。

（3）如需切断电线时，应在不同部位剪断不同相线；剪断空中电线时，剪断位置最好选在电源方向支持物附近；对已落下来的电线要设置警戒区域。

（4）带电灭火应采用不导电灭火剂，如二氧化碳、四氯化碳、二氧二溴甲烷或干粉灭火剂等。泡沫灭火器的灭火剂有导电性能，只能用来灭明火，不能用于带电灭火。带电灭火人员应与带电体保持足够的安全距离。

（5）充油电气设备着火时应立即切断电源再灭火。备有事故储油池的，必要时设法将油放入池内。地面上的油火不能用水喷射，因为油火漂浮水面会蔓延火情，只能用干砂来灭地面上的油火。

（6）为了及时扑救电气火灾，现场应备有常用的消防器材和带电灭火器材。

（7）当火势很大、自备消防器材难以扑灭时，应立即通知消防部门，不可延误时机。

知识拓展

几种常见的灭火剂

水。水有很好的冷却效果，是常用的灭火剂。虽然纯净的水不导电，但水中往往有杂质，从而成为良好的导电体，不能用于带电灭火。同时水还会损坏绝缘，所以在电气火灾中很少用水作为灭火剂。

干砂。干砂覆盖燃烧物，使燃烧物与空气隔离，且可吸热降温，适于扑灭油类和其他易燃液体的火灾，经常将砂箱放置于配电变电所内作防火用，但不适用电机灭火，以免损坏轴承和绝缘。

干粉。干粉不导电，有隔热、吸热和阻隔空气作用，适用于扑灭可燃气体、液体、油类，不适用于电机及含水物质。

泡沫灭火剂。有隔热、隔氧作用，因泡沫是导电的，只能断电后才能用泡沫灭火剂灭火。

二氧化碳灭火剂。主要是稀释和隔离氧，起窒息作用。液态二氧化碳凝结成霜状干冰，还有吸热降温作用。缺点是露天场所有风时灭火效果差。

四氯化碳。主要作用是吸热和隔绝氧气，适用于电气灭火。但四氯化碳有毒，在高温下能与水、蒸汽等物质作用产生剧毒气体。

高压喷雾水。水通过高压压缩空气雾化后，不仅灭火性能优良，而且不损伤电气绝缘，常作油浸变压器的灭火用。

【习题】

一、填空题

1. 电流产生的_____和_____是引发火灾和爆炸事故的直接原因。

2. 电气火灾是指由_____原因引发燃烧而造成的灾害。

3. 带电灭火人员应与带电体保持_____。

二、选择题

1. 为防止静电火花引起事故，凡是用来加工、贮存、运输各种易燃气、液、粉体的金属设备、非导电材料都必须（　　）。

　A. 有足够大的电阻　　　　　　　　B. 有足够小的电阻

　C. 可靠接地　　　　　　　　　　　D. 可靠绝缘

2. 扑救电气设备火灾时，不能用（　　）灭火器。

　A. 四氯化碳灭火器　　　　　　　　B. 二氧化碳灭火器

　C. 泡沫灭火器　　　　　　　　　　D. 干粉灭火器

3. 引发电气火灾的初始原因是（　　）。

　A. 电源保险丝不起作用　　　　　　B. 带电改接电气线路

　C. 绝缘老化或破坏　　　　　　　　D. 室内湿度

三、综合题

充油设备灭火时有哪些注意事项？

任务四　触　电　急　救

【案例探究】

某小店正在装修，有名装修工触电。据另一工友称，因天气闷热，他浑身是汗，当时扛着一个铁架子，不小心碰到电线导致触电。发现后，现场工人立即切断电源，并打电话求救，但因不懂如何急救，错过了最佳抢救时间。

如何正确进行触电急救？

【任务目标】

（1）掌握脱离电源的方法。

（2）掌握触电急救的原则、方法及步骤。

【相关知识】

人体触电后，有人虽然心跳、呼吸停止了，但如果抢救正确及时，一般还是可能救活的。

触电者能否获救，其关键在于能否迅速脱离电源和进行正确的紧急救护。经验证明：

触电后 1 min 内急救，有 60% ~ 90% 的救活可能；1 ~ 2 min 内急救，有 45% 左右的救活可能；如果经过 6 min 才进行急救，那么只有 10% ~ 20% 的救活可能；超过 6 min，救活的可能性就更小了，但是还有救活的可能。

一、触电急救的基本原则

（1）迅速脱离电源：迅速脱离电源是急救触电者的关键。

（2）就地进行抢救：一旦触电者脱离开电源，抢救人员必须在现场或者附近就地抢救。

（3）准确进行救治：进行人工呼吸和胸外心脏按压时，动作必须准确救治才会有效。

（4）救治要坚持到底：抢救时要坚持不断，不可轻率中止。

二、脱离电源

1. 脱离低压电源

（1）切断电源：如果有电源开关或插座在附近，救护人员应迅速拉开开关和插座等。

（2）割断电源：如果电源开关或插座离触电点很远，则可用带绝缘手柄的斧头、锄头、铁锹把电源切断。

（3）挑开电源线：如果电线断落在触电者的身上，救护者可用干燥的木棍、竹竿、扁担等一切身边可能拿到的绝缘物将电线挑开。

（4）拉开触电者：可戴上绝缘手套或用干燥的衣服、围巾把手缠包起来，去拉触电者的干燥而不贴身的衣服。

（5）采取相应措施：如果电流通过触电者入地，并且触电者紧握电线则可设法用干木板塞到触电者的身下，使其与地隔离；然后用绝缘钳或其他绝缘器具将电源切断。

2. 脱离高压电源

（1）立即通知有关部门停电，同时拨打 120 急救电话。

（2）带好绝缘手套，穿好绝缘靴，拉开高压断路器（高压开关）或用相同电压等级的绝缘工具拉开跌落式熔断器，切断电源。

（3）用具有足够面积和适当长度的软金属裸导线，一端接地，另一端拴上重物，抛掷软金属裸导线，以造成线路短路，使保护装置动作从而使电源开关跳闸。

救护人员在操作时，应注意自身与周围带电部分有足够的安全距离。

三、触电急救

1. 伤情判定

对触电者应在 10 s 内用看、听、试的方法判定其心跳情况，如图 8-4 所示。

看——看触电者的胸部、腹部有无起伏动作。

听——用耳贴近触电者的口鼻处，听有无呼气的声音。

试——试测口鼻有无呼气的气流，再用两手指轻试一侧（左或右）喉结旁凹陷处的颈动脉有无搏动。

经过看、听、试后，若既无呼吸又无动脉搏动，则可判定呼吸心跳停止。

图8-4 看、听、试

2. 心肺复苏

触电者呼吸和心跳均停止时，应立即用心肺复苏法即畅通气道、口对口（鼻）人工呼吸、胸外按压（人工循环），进行正确就地抢救。

1）畅通气道

发现触电者口内有异物，可将其身体及头部同时侧转，迅速用一个手指或用两手指交叉从口角处插入，取出口中异物，操作中防止将异物推到咽喉深部。畅通气道用仰头抬颔法，如图8-5所示。

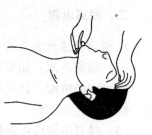

2）口对口（鼻）人工呼吸

捏住触电者鼻翼，深吸气与伤员口对口（鼻）紧合，在不漏气的情况下连续大口吹气两次，每次5 s（吹2 s放3 s）。

图8-5 仰头抬颔法

3）胸外按压（心脏按压）

其原理是用人工机械方法按压心脏，代替心脏跳动，以达到血液循环的目的。触电者心脏停止跳动或不规则颤动，可立即用此法急救。

按压位置：将右手的食指和中指并拢，沿触电者的右侧肋弓下缘向上，找到肋骨和胸骨接合处的中点。两手指并齐，中指放在切迹中点（剑突底部）食指放在胸骨下部。左手的掌根紧挨食指上缘，置于胸骨上，即正确按压位置，如图8-6所示。

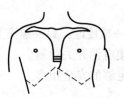

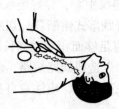

图8-6 正确的按压位置

按压姿势：如图8-7所示，使触电者仰面躺在平硬、干燥、通风的地方，救护人员跪在伤员的一侧肩旁，救护人员的两肩位于伤员胸骨正上方，两臂伸直，肘关节固定不屈，两手掌根相叠，手指翘起，不接触触电者胸壁。

按压频率：胸外按压要以均匀速度进行，成人每分钟80~100次，每次按压和放松的时间相等。

图8-7 按压姿势与用力方法

按压深度：以髋关节为支点利用上身重力，垂直将正常成人胸骨压陷 3～5 cm（儿童和瘦弱者酌减）。

按压次数：如图 8-8 所示，胸外按压与口对口（鼻）人工呼吸同时进行，单人抢救时每按压 15 次后吹气两次反复进行。

双人抢救时，每按压 5 次后由另一人吹气 1 次，反复进行抢救，如图 8-9 所示。

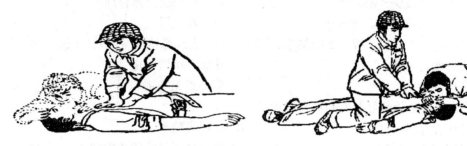

图 8-8　胸外按压与人工呼吸同时进行　　　　图 8-9　双人抢救

知识拓展

外伤救护的方法

外伤救护的方法见表 8-3。

表 8-3　外伤救护的方法

外伤现象	救护方法
一般性的外伤创面	先用无菌生理盐水或清洁的温开水冲洗，再用消毒纱布或干净的布包扎，然后将伤员送往医院
伤口大面积出血	立即用清洁手指压迫出血点上方，也可用止血橡皮带使血流中断。同时将出血肢体抬高或高举，以减少出血量，并火速送医院处置。如果伤口出血不严重，可用消毒纱布或干净的布料叠几层，盖在伤口处压紧止血
高压触电造成的电弧灼伤	先用无菌生理盐水冲洗，再用酒精涂擦，然后用消毒被单或干净布片包好，速送医院处理
因触电摔跌而骨折	应先止血、包扎，然后用木板、竹竿、木棍等物品将骨折肢体临时固定，速送医院处理。若发生腰椎骨折时，应将伤员平卧在硬木板上，并将腰椎躯干及两侧下肢一并固定以防瘫痪，搬动时要数人合作，保持平稳，不能扭曲
出现颅脑外伤	应使伤员平卧并保持气道通畅。若有呕吐，应扶好头部和身体，使之同时侧转，以防止呕吐物造成窒息。当耳鼻有液体流出时，不要用棉花堵塞，只可轻轻拭去，以利降低颅内压力

【习题】

一、填空题

1. 使触电者_____是触电急救的第一步。

2. 急救时先切断电源，然后立即进行_____和_____。

3. 胸外按压是以髋关节为支点，利用上身重力，垂直将正常成人胸骨压陷_____cm。

二、选择题

1. 若发现有人触电，应该进行（　　）。

A. 人工呼吸或胸外心脏按压　　　　　B. 人工呼吸或打强心剂

C. 打强心剂或胸外心脏按压　　　　　D. 以上都可以

2. 对触电者，若看、听、试的结果，既无呼吸又无动脉搏动，可判定（　　）。

A. 无呼吸有心跳　　　　　　　　　　B. 呼吸心跳均停止

C. 已经死亡　　　　　　　　　　　　D. 有呼吸无心跳

3. （　　）是救活触电者的首要因素。

A. 请医生急救　　　　　　　　　　　B. 送往医院

C. 口对口人工呼吸　　　　　　　　　D. 使触电者尽快脱离电源

三、综合题

脱离低压电源的方法有哪些？